◎ 高 职 高 专 “十 二 五” 规 划 教 材

安装工程造价基础知识

■ 李鹏 宿茹 主编

ANZHUANG GONGCHENG ZAOJIA JICHU ZHISHI

化学工业出版社

·北京·

本书主要讲述了建设工程造价管理制度与合同管理、建设项目投资、建设工程造价有关法规、建设工程计价、工程造价的确定与控制、建设工程招投标与合同价款的确定、安装工程费用的计取等内容。

本书内容实用，重点突出，囊括了安装预算所需的基础知识，可作为高职高专工程造价、建筑工程、工程监理、工程管理、建筑设计等专业师生的教学用书，也可作为安装造价员的培训教材，同时也可作为工程造价编制人员的参考用书。

图书在版编目（CIP）数据

安装工程造价基础知识/李鹏，宿茹主编. —北京：化学工业出版社，2014.7
ISBN 978-7-122-20924-5

Ⅰ.①安…　Ⅱ.①李…②宿…　Ⅲ.①建筑安装-建筑造价-教材　Ⅳ.①TU723.3

中国版本图书馆CIP数据核字（2014）第125567号

责任编辑：李彦玲　　文字编辑：刘砚哲
责任校对：王素芹　　装帧设计：韩　飞

出版发行：化学工业出版社（北京市东城区青年湖南街13号　邮政编码100011）
印　　刷：北京云浩印刷有限责任公司
装　　订：三河市前程装订厂
787mm×1092mm　1/16　印张10¼　字数249千字　2014年10月北京第1版第1次印刷

购书咨询：010-64518888（传真：010-64519686）　售后服务：010-64518899
网　　址：http://www.cip.com.cn
凡购买本书，如有缺损质量问题，本社销售中心负责调换。

定　　价：24.00元　

前言
FOREWORD

《安装工程造价基础知识》依据工程造价专业的人才培养目标、教学大纲、教学标准、安装工程计量与计价课程实训的实际需要，并重点参考全国建设工程造价员资格考试大纲编写而成。本书有以下特点。

① 本教材的编写是根据社会对工程造价专业人员的知识、能力及素质需求为目标，以全国造价员考试的内容为依据，以最新颁布的国家和行业规范、标准、法规为标准而编写的。

② 本教材针对高等职业教育的特点，基础理论的讲授以应用为目的，以必需、够用为度，突出技术应用能力的培养，涵盖了专业基础理论、基本知识和基本技能，能使学生获得造价工程师初步训练，具有良好综合素质。

《安装工程造价基础知识》由石家庄城市职业学院李鹏、宿茹担任主编，石家庄城市职业学院布晓进、秦皇岛市政建设集团牛喜卫担任副主编，河北藁城市建设局武福军，石家庄市规划局栾城分局于建省，唐山公路建设总公司杨立华，石家庄城市职业学院张春梅、张云、王永先、蒋新江，大连职业技术学院那挺参加了编写。在本书编写过程中，参阅和借鉴了一些与专业有关的规范、标准等，在此向相关编写者致以崇高的敬意。

由于笔者学识水平和实践经验所限，书中不妥之处在所难免，望广大读者批评指正，提出宝贵意见，以便修订时改进。

编者

2013 年 5 月

目录

CONTENTS

目录
CONTENTS

第1章 建设工程造价管理制度与合同管理

1.1 我国建设工程造价管理有关制度

1.1.1 建设工程造价管理体制

(1) 政府部门的行政管理

国务院建设主管部门在全国范围内行使建设管理职能，在建设工程造价管理方面的主要职能包括：

① 组织制定建设工程造价管理有关法规、规章并监督其实施；

② 组织制定全国统一经济定额并监督指导其实施；

③ 制定工程造价咨询企业的资质标准并监督其执行；

④ 负责全国工程造价咨询企业资质管理工作，审定甲级工程造价咨询企业的资质；

⑤ 制定工程造价管理专业技术人员执业资格标准并监督其执行；

⑥ 监督管理建设工程造价管理的有关行为。

(2) 行业协会的自律管理

中国建设工程造价管理协会是我国建设工程造价管理的行业协会。此外，在全国各省、自治区、直辖市及一些大中城市，也先后成立了建设工程造价管理协会，对工程造价咨询工作及造价工程师的执业活动实行行业服务和自律管理。

1.1.2 建设工程造价咨询企业管理

工程造价咨询企业是指接受委托，对建设项目投资、工程造价的确定与控制提供专业咨询服务的企业。工程造价咨询企业从事工程造价咨询活动，应当遵循独立、客观、公正、诚实信用的原则，不得损害社会公共利益和他人的合法权益。

1.1.2.1 工程造价咨询企业资质等级标准

工程造价咨询企业资质等级分为甲级、乙级。

(1) 甲级资质标准

① 已取得乙级工程造价咨询企业资质证书满3年；

② 企业出资人中，注册造价工程师人数不低于出资人总人数的60%，且其出资额不低于企业注册资本总额的60%；

③ 技术负责人已取得造价工程师注册证书，并具有工程或工程经济类高级专业技术职称，且从事工程造价专业工作15年以上；

④ 专职从事工程造价专业工作的人员（以下简称专职专业人员）不少于20人，其中，具有工程或者工程经济类中级以上专业技术职称的人员不少于16人，取得造价工程师注册证书的人员不少于10人，其他人员具有从事工程造价专业工作的经历；

⑤ 企业与专职专业人员签订劳动合同，且专职专业人员符合国家规定的职业年龄（出资人除外）；

⑥ 专职专业人员人事档案关系由国家认可的人事代理机构代为管理；

⑦ 企业注册资本不少于人民币100万元；

⑧ 企业近3年工程造价咨询营业收入累计不低于人民币500万元；

⑨ 具有固定的办公场所，人均办公建筑面积不少于$10m^2$；

⑩ 技术档案管理制度、质量控制制度、财务管理制度齐全；

⑪ 企业为本单位专职专业人员办理的社会基本养老保险手续齐全；

⑫ 在申请核定资质等级之日前3年内无违规行为。

（2）乙级资质标准

① 企业出资人中，注册造价工程师人数不低于出资人总人数的60%，且其出资额不低于注册资本总额的60%；

② 技术负责人已取得造价工程师注册证书，并具有工程或工程经济类高级专业技术职称，且从事工程造价专业工作10年以上；

③ 专职专业人员不少于12人，其中，具有工程或者工程经济类中级以上专业技术职称的人员不少于8人，取得造价工程师注册证书的人员不少于6人，其他人员具有从事工程造价专业工作的经历；

④ 企业与专职专业人员签订劳动合同，且专职专业人员符合国家规定的职业年龄（出资人除外）；

⑤ 专职专业人员人事档案关系由国家认可的人事代理机构代为管理；

⑥ 企业注册资本不少于人民币50万元；

⑦ 具有固定的办公场所，人均办公建筑面积不少于$10m^2$；

⑧ 技术档案管理制度、质量控制制度、财务管理制度齐全；

⑨ 企业为本单位专职专业人员办理的社会基本养老保障手续齐全；

⑩ 暂定期内工程造价咨询营业收入累计不低于人民币50万元；

⑪ 在申请核定资质等级之日前3年内无违规行为。

1.1.2.2 工程造价咨询企业的业务承接

甲级工程造价咨询企业可以从事各类建设项目的工程造价咨询业务；乙级工程造价咨询企业可以从事工程造价5000万元人民币以下的各类建设项目的工程造价咨询业务。

（1）业务范围

① 建设项目建议书及可行性研究投资估算、项目经济评价报告的编制和审核；

② 建设项目概预算的编制与审核，并配合设计方案比选、优化设计、限额设计等工作进行工程造价分析与控制；

③ 建设项目合同价款的确定（包括招标工程工程量清单和标底、投标报价的编制和审

核）；合同价款的签订与调整（包括工程变更、工程洽商和索赔费用的计算）与工程款支付，工程结算及竣工结（决）算报告的编制与审核等；

④ 工程造价经济纠纷的鉴定和仲裁的咨询；

⑤ 提供工程造价信息服务等。

（2）执业

① 咨询合同及其履行。参照《建设工程造价咨询合同》（示范文本）与委托人签订书面工程造价咨询合同。

工程造价成果文件应当由工程造价咨询企业加盖有企业名称、资质等级及证书编号的执业印章，并由执行咨询业务的注册造价工程师签字、加盖执业印章。

② 执业行为准则

a. 执行国家的宏观经济政策和产业政策，遵守国家和地方的法律、法规及有关规定；

b. 接受工程造价咨询行业自律组织业务指导；

c. 按照工程造价咨询单位资质证书规定的资质等级和服务范围开展业务；

d. 具有独立执业的能力和工作条件；

e. 按照公平、公正和诚信的原则开展业务，认真履行合同；

f. 靠质量、靠信誉参加市场竞争；

g. 以人为本，鼓励员工更新知识；

h. 不得在解决经济纠纷的鉴证咨询业务中分别接受双方当事人的委托；

i. 不得阻挠委托人委托其他工程造价咨询单位参与咨询服务；

j. 保守客户的技术和商务秘密，客户事先允许和国家另有规定的除外。

（3）企业分支机构

工程造价咨询企业设立分支机构的，应当自领取分支机构营业执照之日起30日内，持下列材料到分支机构工商注册所在地省、自治区、直辖市人民政府建设主管部门备案：

① 分支机构营业执照复印件；

② 工程造价咨询企业资质证书复印件；

③ 拟在分支机构执业的不少于3名注册造价工程师的注册证书复印件；

④ 分支机构固定办公场所的租赁合同或产权证明。

省、自治区、直辖市人民政府建设主管部门应当在接受备案之日起20日内，报国务院建设主管部门备案。分支机构不得以自己名义承接工程造价咨询业务、订立工程造价咨询合同、出具工程造价成果文件。

（4）跨省区承接业务

工程造价咨询企业跨省、自治区、直辖市承接工程造价咨询业务的，应当自承接业务之日起30日内到建设工程所在地省、自治区、直辖市人民政府建设主管部门备案。

1.1.2.3 工程造价咨询企业的法律责任

（1）资质申请或取得的违规责任

申请人提供虚假材料申请工程造价咨询企业资质的，不予受理或者不予资质许可，并给予警告，申请人在1年内不得再次申请工程造价咨询企业资质。以不正当手段取得工程造价咨询企业资质的，由县级以上地方人民政府建设主管部门给予警告，并处1万元以上3万元以下的罚款，申请人 3 年内不得再次申请工程造价咨询企业资质。

(2) 经营违规的责任

超越资质等级承接工程造价咨询业务的，出具的工程造价成果文件无效，由县级以上地方人民政府建设主管部门给予警告，责令限期改正，并处 1 万元以上 3 万元以下的罚款。

不及时办理资质证书变更手续的，由资质许可机关责令限期办理；逾期不办理的，可处以 1 万元以下的罚款。

有下列行为之一的，由县级以上地方人民政府建设主管部门或者有关专业部门给予警告，责令限期改正，逾期未改正的，可处以 5000 元以上 2 万元以下的罚款：

① 新设立的分支机构不备案的；

② 跨省、自治区、直辖市承接业务不备案的。

(3) 其他违规责任

工程造价咨询企业有下列行为之一的，由县级以上地方人民政府建设主管部门或者有关专业部门给予警告，责令限期改正，并处以 1 万元以上 3 万元以下的罚款：

① 涂改、倒卖、出租、出借资质证书，或者以其他形式非法转让资质证书；

② 超越资质等级业务范围承接工程造价咨询业务；

③ 同时接受招标人和投标人或两个以上投标人对同一工程项目的工程造价咨询业务；

④ 以给予回扣、恶意压低收费等方式进行不正当竞争；

⑤ 转包承接的工程造价咨询业务；

⑥ 法律、法规禁止的其他行为。

1.1.3 建设工程造价专业人员资格管理

在我国建设工程造价管理活动中，从事建设工程造价管理的专业人员可以分为两个级别，即注册造价工程师和造价员。

1.1.3.1 注册造价工程师执业资格制度

(1) 资格考试

注册造价工程师执业资格考试实行全国统一大纲、统一命题、统一组织的办法，原则上每年举行 1 次。

① 报考条件。凡中华人民共和国公民，工程造价或相关专业大专及其以上学历，从事工程造价业务工作一定年限后，均可参加注册造价工程师执业资格考试。

② 考试科目。造价工程师执业资格考试分为 4 个科目：“工程造价管理基础理论与相关法规”“工程造价计价与控制”“建设工程技术与计量（土建工程或安装工程）”和“工程造价案例分析”。参加全部科目考试的人员，须在连续的 2 个考试年度通过；参加免试部分考试科目的人员，须在一个考试年度内通过应试科目。

③ 证书取得。考试合格者，由省、自治区、直辖市人事部门颁发国务院人事主管部门统一印制、国务院人事主管部门和建设主管部门统一用印的造价工程师执业资格证书。

(2) 注册

① 初始注册。取得注册造价工程师执业资格证书的人员，受聘于一个工程建设领域的单位，可自执业资格证书签发之日起 1 年内向聘用单位工商注册所在地的省、自治区、直辖

市人民政府建设主管部门提出注册申请。申请初始注册的，应当提交下列材料：a. 初始注册申请表；b. 执业资格证件和身份证件复印件；c. 与聘用单位签订的劳动合同复印件；d. 工程造价岗位工作证明。

逾期未申请注册的，须符合继续教育的要求后方可申请初始注册。初始注册的有效期为4年。

② 延续注册。延续注册的有效期为4年。

③ 不予注册的情形。有下列情形之一的，不予注册：不具有完全民事行为能力的；申请在2个或者2个以上单位注册的；未达到造价工程师继续教育合格标准的；前一个注册期内工作业绩达不到规定标准或未办理暂停执业手续而脱离工程造价业务岗位的；受刑事处罚，刑事处罚尚未执行完毕的；因工程造价业务活动受刑事处罚，自刑事处罚执行完毕之日起至申请注册之日止不满5年的；因前项规定以外原因受刑事处罚，自处罚决定之日起至申请注册之日止不满3年的；被吊销注册证书，自被处罚决定之日起至申请注册之日止不满3年的；以欺骗、贿赂等不正当手段获准注册被撤销，自被撤销注册之日起至申请注册之日止不满3年的；法律、法规规定不予注册的其他情形。

(3) 执业

注册造价工程师应当在本人承担的工程造价成果文件上签字并盖章。修改经注册造价工程师签字盖章的工程造价成果文件，应当由签字盖章的注册造价工程师本人进行；注册造价工程师本人因特殊情况不能进行修改的，应当由其他注册造价工程师修改，并签字盖章；修改工程造价成果文件的注册造价工程师对修改部分承担相应的法律责任。

(4) 继续教育

注册造价工程师在每一注册期内应当达到注册机关规定的继续教育要求。注册造价工程师继续教育分为必修课和选修课，每一注册有效期各为60学时。

1.1.3.2 造价员从业资格制度

建设工程造价员（简称造价员）是指通过考试，取得“全国建设工程造价员资格证书”，从事工程造价业务的人员。

(1) 资格考试

具备下列条件之一者，均可申请参加造价员的资格考试：①工程造价专业中专及以上学历；②其他专业中专及以上学历，工作满1年。

工程造价专业大专及以上应届毕业生，可向管理机构或专业委员会申请免试“工程造价管理基础知识”。

(2) 从业

造价员可以从事与本人取得的“全国建设工程造价员资格证书”专业相符合的建设工程造价工作。造价员应在本人承担的工程造价业务文件上签字、加盖专用章，并承担相应的岗位责任。造价员不得同时受聘于两个或两个以上单位。

(3) 资格证书的管理

① 证书的检验。“全国建设工程造价员资格证书”原则上每3年检验1次。

② 验证不合格或注销资格证书和专用章的情形。有下列情形之一者，验证不合格或注销“全国建设工程造价员资格证书”和专用章：无工作业绩的；脱离工程造价业务岗位的；

未按规定参加继续教育的；在建设工程造价活动中有不良记录的；涂改“全国建设工程造价员资格证书”和转借专用章的；在两个或两个以上单位以造价员名义从业的。

(4) 继续教育

造价员每3年参加继续教育的时间原则上不得少于30小时。

(5) 自律管理

各管理机构和各专业委员会应建立造价员信息管理系统和信用评价体系，并向社会公众开放查询造价员资格、信用记录等信息。

1.2 建设工程项目管理

1.2.1 建设工程项目管理概述

1.2.1.1 建设工程项目的组成

建设工程项目是指为完成依法立项的新建、扩建、改建等各类工程而进行的、有起止日期的、达到规定要求的一组相互关联的受控活动组成的特定过程，包括策划、勘察、设计、采购、施工、试运行、竣工验收和考核评价等。

建设工程项目可分为单项工程、单位（子单位）工程、分部（子分部）工程和分项工程。

(1) 单项工程

单项工程是指在一个建设工程项目中，具有独立的设计文件，竣工后可以独立发挥生产能力或效益的一组配套齐全的工程项目。

(2) 单位工程

单位工程是指具备独立施工条件并能形成独立使用功能的建筑物及构筑物。单位工程是单项工程的组成部分。按照单项工程的构成，又可将其分解为建筑工程和设备安装工程。如工业厂房工程中的土建工程、设备安装工程、工业管道工程等分别是单项工程中所包含的不同性质的单位工程。

(3) 分部工程

分部工程是单位工程的组成部分，应按专业性质、建筑部位确定。一般工业与民用建筑工程的分部工程包括：地基与基础工程、主体结构工程、装饰装修工程、屋面工程、给排水及采暖工程、电气工程、智能建筑工程、通风与空调工程、电梯工程。

(4) 分项工程

分项工程是分部工程的组成部分，一般按主要工程、材料、施工工艺、设备类别等进行划分。分项工程是计算工、料及基金消耗的最基本的构造要素。

1.2.1.2 工程项目建设程序

工程项目建设程序是指工程项目从策划、评估、决策、设计、施工到竣工验收、投入生产或交付使用的整个建设过程中，各项工作必须遵循的先后次序。

(1) 投资决策阶段工作内容

① 编报项目建议书。项目建议书是拟建项目单位向国家提出的要求建设某一项目的建议文件，是对建设工程项目的轮廓设想。项目建议书的主要作用是推荐一个拟建项目，论述其建设的必要性、建设条件的可行性和获利的可能性，供国家选择并确定是否进行下一步工作。批准的项目建议书不是项目的最终决策。

企业不使用政府资金投资建设的项目，政府不再进行投资决策性质的审批，项目实行核准制或登记备案制，企业不需要编制项目建议书而可直接编制可行性研究报告。

② 编报可行性研究报告。可行性研究是对工程项目在技术上是否可行和经济上是否合理进行科学的分析和论证。

③ 项目投资决策审批制度

a. 政府投资项目。对于政府投资项目，政府需要从投资决策的角度审批项目建议书和可行性研究报告。一般都要经过符合资质要求的咨询中介机构的评估论证，特别重大的项目还应实行专家评议制度。

b. 非政府投资项目。一律不再实行审批制，区别不同情况实行核准制或登记备案制。

注：核准制——企业投资建设“政府核准的投资项目目录”中的项目时，仅需向政府提交项目申请报告。备案制——对于“政府核准的投资项目目录”以外的企业投资项目，实行备案制。除国家另有规定外，由企业按照属地原则向地方政府投资主管部门备案。

(2) 实施阶段工作内容

① 工程设计

a. 工程设计阶段及其内容。工程设计阶段一般划分为两个阶段，即初步设计和施工图设计。重大项目和技术复杂项目，可根据需要增加技术设计阶段。

b. 施工图设计文件的审查。建设单位应当将施工图送施工图审查机构审查。

② 建设准备

a. 建设准备工作内容，包括：征地、拆迁和场地平整；完成施工用水、电、通信、道路等接通工作；组织招标选择工程监理单位、承包单位及设备、材料供应商；准备必要的施工图纸。

b. 建设单位完成工程建设准备工作并具备工程开工条件后，应办理工程质量监督手续和施工许可证。

③ 施工安装。工程项目经批准新开工建设，项目即进入施工安装阶段。项目新开工时间，是指工程项目设计文件中规定的任何一项永久性工程第一次正式破土开槽开始施工的日期。

④ 生产准备。生产准备工作一般应包括以下主要内容：

a. 招收和培训生产人员。特别要组织生产人员参加设备的安装、调试和工程验收工作。

b. 组织准备。主要包括生产管理机构设置、管理制度和有关规定的制定等。

c. 技术准备。主要包括国内装置设计资料的汇总、各种生产方案的编制等。

d. 物资准备。主要包括落实生产用的原材料、协作燃料、水、电、气等的来源等。

(3) 交付使用阶段工作内容

① 竣工验收。当工程项目按设计文件的规定内容和施工图纸的要求全部建完后，便可

组织验收。

a. 竣工验收的范围和标准。按照国家现行规定，工程项目按批准的设计文件所规定的内容建成，符合验收标准，即：工业项目经过投料试车（带负荷运转）合格，形成生产能力的，非工业项目符合设计要求，能够正常使用的，都应及时组织验收，办理固定资产移交手续。工程项目竣工验收标准：已按设计要求建完，能满足生产要求；主要工艺设备已安装配套，经联动负荷试车合格；职工宿舍和其他福利设施，能适应投产初期的需要；生产准备工作能适应投产初期的需要；环境保护措施、劳动安全卫生措施、消防设施已按设计要求与主体工程同时建成使用。

已具备竣工验收条件的工程，3 个月内不办理验收投产和移交固定资产手续的，取消企业和主管部门（或地方）的基建试车收入分成，由银行监督全部上缴财政。如 3 个月内办理竣工验收确有困难，经验收主管部门批准，可以适当推迟竣工验收时间。

b. 竣工验收的准备工作。主要包括：整理技术资料；绘制竣工图；编制竣工决算。

c. 竣工验收的程序和组织。工程项目全部建完，经过各单位工程的验收，符合设计要求，并具备竣工图、竣工决算工程总结等必要文件资料，由项目主管部门或建设单位向负责验收的单位提出竣工验收申请报告。

d. 竣工验收备案。建设单位应当自工程竣工验收合格之日起 15 日内，向工程所在地县级以上地方人民政府建设主管部门备案。

② 项目后评价。项目后评价是工程项目实施阶段管理的延伸。项目后评价的基本方法是对比法。在实际工作中，往往从效益后评价和过程后评价两个方面对建设工程项目进行后评价。

1.2.1.3 建设工程项目管理的目标和任务

(1) 项目管理概念

项目管理是指在一定的约束条件下，为达到目标（在规定的时间和预算费用内，达到所要求的质量）而对项目所实施的计划、组织、指挥、协调和控制的过程。

(2) 项目管理知识体系

项目管理知识体系（PMBOK）是指项目管理专业知识的总和，该体系由美国项目管理学会（PMI）开发。国际标准化组织（ISO）还以该体系为基础，制定了项目管理标准 ISO 10006。

项目管理知识体系包括 9 个知识领域，即：范围管理、时间管理、成本管理、质量管理、人力资源管理、沟通管理、采购管理、风险管理和综合管理。

(3) 建设工程项目管理的目标

建设工程项目管理是指项目组织运用系统工程的理论和方法对建设工程项目寿命期内的所有工作进行计划、组织、指挥、协调和控制的过程。建设工程项目管理的核心任务是控制项目目标（造价、质量、进度），最终实现项目的功能，以满足使用者的需求。

(4) 建设工程项目管理的类型

在建设工程项目的决策和实施过程中，由于各阶段的任务和实施主体不同，构成了不同类型的项目管理，如图 1-1 所示。

① 业主方项目管理。业主方项目管理是全过程的项目管理，包括项目决策与实施阶段

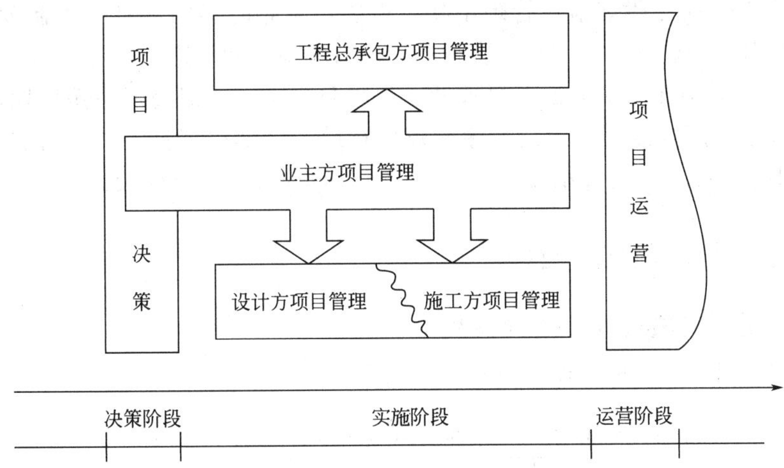

图 1-1 建设工程项目管理的类型

的各个环节。项目业主需要专业化、社会化的项目管理单位为其提供项目管理服务。

② 工程总承包方项目管理。在项目设计、施工综合承包或设计、采购和施工综合承包（即 EPC 承包）的情况下，业主在项目决策之后，通过招标择优选定总承包单位全面负责工程项目的实施过程，直至最终交付使用功能和质量标准符合合同文件规定的工程项目。

③ 设计方项目管理。勘察设计单位承揽到项目勘察设计任务后，需要根据勘察设计合同所界定的工作目标及责任义务，引进先进技术和科研成果，在技术和经济上对项目的实施进行全面而详尽的安排，最终形成设计图纸和说明书，并在项目施工安装过程中参与监督和验收。因此，设计方的项目管理不仅仅局限于项目勘察设计阶段，而且要延伸到项目的施工阶段和竣工验收阶段。

④ 施工方项目管理。施工承包单位通过投标承揽到项目施工任务后，根据施工承包合同所界定的工程范围组织项目管理。施工方项目管理的目标体系包括项目施工质量、成本、工期、安全和现场标准化和环境保护，简称 QCDSE 目标体系。

⑤ 供货方项目管理。从建设工程项目管理的系统角度分析，建筑材料和设备的供应工作也是实施建设工程项目的一个子系统。

(5) 建设工程项目管理的任务

建设工程项目管理的主要任务是通过合同管理、组织协调、目标控制、风险管理和信息管理等措施，保证工程项目质量、进度、造价目标得到控制。

① 合同管理。工程总承包合同、勘察设计合同、施工合同、材料设备采购合同、项目管理合同、监理合同、造价咨询合同等均是具有法律效力的协议文件。从某种意义上讲，项目的实施过程就是合同订立和履行的过程。

② 组织协调。主要包括：外部环境协调，如与政府管理部门之间的协调、资源供应及社区环境方面的协调等；项目参与单位之间的协调；项目参与单位内部各部门、各层次及个人之间的协调。

③ 目标控制。目标控制是指项目管理人员在不断变化的动态环境中为保证既定计划目标的实现而进行的一系列检查和调整活动的过程。

④ 风险管理。为确保建设工程项目的投资效益，必须对项目风险进行识别，并在定量分析和系统评价的基础上提出风险对策组合。

⑤ 信息管理。为了做好信息管理工作，需要：建立完善的信息采集制度以收集信息；做好信息编目分类和流程设计工作，实现信息的科学检索和传递；充分利用现有信息资源。

⑥ 环境保护。对于环保方面有要求的工程项目在可行性研究和决策阶段，必须提出环境影响评价报告，严格按工程建设程序向环保行政主管部门报批。在项目实施阶段，做到"三同时"，即主体工程与环保措施工程同时设计、同时施工、同时投入运行。

1.2.2 建设工程项目成本管理

1.2.2.1 建设工程项目成本管理流程

建设工程项目成本管理流程，如图 1-2 所示。

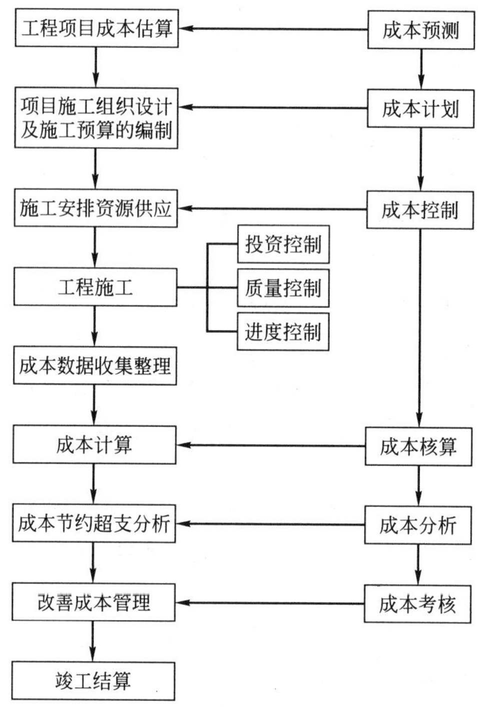

图 1-2 建设工程项目成本管理流程图

1.2.2.2 建设工程项目成本管理的内容和方法

(1) 成本预测

成本预测就是根据成本信息和施工项目的具体情况，运用一定的专门方法，对未来的成本水平及其可能发展趋势做出科学的估计，其是在工程项目施工以前对成本进行的估算。

成本预测是施工项目成本决策与计划的依据，其方法分为定性预测和定量预测两大类。

① 定性预测：根据专业知识和实践经验，利用已有的资料，对成本费用的发展趋势及可能达到的水平所进行的分析和推断。

② 定量预测：利用数量关系，建立数学模型来推测，常用方法有加权平均法、回归分析法。

(2) 成本计划

成本计划是以货币形式编制项目在计划期内的生产费用、成本水平、成本降低率以及为降低成本所采取的主要措施和规划的书面方案。它是建立项目成本管理责任制、开展成本控制和核算的基础，它是该项目降低成本的指导文件，是设立目标成本的依据。

① 项目成本计划的内容

a. 直接成本计划：主要反映项目直接成本的预算成本、计划降低额及计划降低率。

b. 间接成本计划：主要反映项目间接成本的计划数及降低额。

② 项目成本计划的编制方法

a. 目标利润法：根据项目的合同价格扣除目标利润后得到目标成本的方法。

b. 技术进步法：

项目目标成本＝项目成本估算值－技术节约措施计划节约额（降低成本额）

c. 按实计算法：

人工费＝∑各类人员计划用工量×实际工资标准

材料费＝∑各类材料的计划用量×实际材料基价

施工机械使用费＝∑各类机械的计划台班量×实际台班单价

d. 定率估算法（历史资料法）。

（3）成本控制

建设工程项目施工成本控制应贯穿于项目从投标阶段开始直至竣工验收的全过程，是成本管理的核心，是不确定性因素最多、最复杂、最基础的成本管理内容。

成本控制的主要环节：计划预控、运行过程控制和纠偏控制。

项目成本控制的方法：项目成本分析表法、工期-成本同步分析法、净值分析法（综合控制分析法）。

（4）成本核算

成本核算包括两个基本环节：一是按照规定的成本开支范围对施工费用进行归集和分配，计算出施工费用的实际发生额；二是根据成本核算对象，采用适当的方法，计算出该施工项目的总成本和单位成本。

项目成本核算的方法：表格核算法和会计核算法。前者进行岗位成本的核算和控制；后者进行施工成本核算。

项目成本核算所提供的各种成本信息，是成本预测、成本计划、成本控制、成本分析和成本考核等各个环节的依据。

（5）成本分析

成本分析是在施工成本核算的基础上，对成本的形成过程和影响成本升降的因素进行分析，以寻求进一步降低成本的途径，包括有利偏差的挖掘和不利偏差的纠正。

项目成本分析的方法：比较法、因素分析法、差额计算法、比率法（含相关比率法、构成比率法和动态比率法三种）。

综合成本分析法：分部分项工程成本分析、月度成本分析、年度成本分析、竣工成本的综合分析。

（6）成本考核

成本考核是指在项目完成后，按项目成本目标责任制的有关规定，将成本的实际指标与计划、定额、预算进行对比和考核，评定项目成本计划的完成情况和各责任者的业绩，并以此给予相应的奖励和处罚。

项目成本考核的内容：包括企业对项目成本的考核和企业对项目经济可控责任成本考核。考核指标：成本降低率或降低额。

1.2.3 建设工程项目风险管理

1.2.3.1 建设工程项目风险及其管理程序

风险指的是在项目决策和实施过程中，造成实际结果与预期目标的差异性及其发生的概率。包括损失的不确定性和收益的不确定性。

(1) 建设工程项目风险的分类

① 按照风险来源进行划分

a. 自然风险；

b. 社会风险，包括社会治安、人员素质等；

c. 经济风险，包括产业政策、市场物价、通货膨胀、资金等；

d. 法律风险，如法律不健全，有法不依、执法不严等，环保法律限制等；

e. 政治风险，政局不稳、外交政策、贸易保护等。

② 按照风险涉及当事人进行划分

a. 业主的风险：人为风险、经济风险和自然风险；

b. 承包商的风险：决策失误风险、缔约和履约风险、责任风险。

③ 按照风险可否管理划分为可管理风险和不可管理风险。

④ 按风险影响的范围划分为局部风险和总体风险。

(2) 建设工程项目风险管理程序

① 风险识别。风险识别是指通过一定的方式，系统而全面地识别影响项目目标实现的风险事件并加以适当归类，并记录每个风险因素所具有的特点的过程。风险识别的方法包括：专家调查法、流程图法等。风险识别最主要成果是风险清单。

② 风险分析与评估。风险分析与评估是将项目风险事件发生的可能性和损失后果进行定量化的过程。常用方法：调查打分法、蒙特卡洛模拟法、计划评审法、敏感性分析法等。

③ 风险应对策略的决策。风险应对策略的决策是确定风险事件最佳对策组合的过程。常用策略有四种：风险回避、风险自留、风险控制和风险转移。

④ 风险对策的实施。

⑤ 风险对策实施的监控。

1.2.3.2 建设工程项目风险应对策略

(1) 风险回避

风险回避是一种消极的风险处理方法。当遇到下列情形时，应考虑风险回避的策略：

① 风险事件发生概率很大且后果损失也很大的项目；

② 发生损失的概率并不大，但当风险事件发生后产生的损失是灾难性的、无法弥补的。

(2) 风险自留

风险自留是指项目风险保留在风险管理主体内部，通过采取内部控制措施等来化解风险或者对这些保留下来的项目风险不采取任何措施。风险自留与其他风险对策的根本区别在于：它不改变项目风险的客观性质，即既不改变项目风险发生的概率，也不改变项目风险潜在损失的严重性。

风险自留可分为非计划性风险自留和计划性风险自留两种。

① 非计划性风险自留：由于风险管理人员没有意识到项目某些风险的存在，不曾有意识地采取有效措施，以致风险发生后只好保留在风险管理主体内部。

② 计划性风险自留：风险管理人员经过正确的风险识别和风险评价后制定的风险应对策略。

(3) 风险控制

风险控制是一种主动、积极的风险策略。风险控制工作可分为预防损失和减少损失两个方面。

(4) 风险转移

当有些风险必然出现、必须直接面对，而以本身的承受能力又无法有效地承担时应采取风险转移。风险转移主要包括非保险转移和保险转移两大类。

① 非保险转移：通过签订合同的方式将项目风险转移给非保险人的对方当事人。如项目分包、第三方担保等。

② 保险转移：也叫工程保险，通过购买保险，业主或承包商作为投保人将本应由自己承担的项目风险转移给保险公司。

1.3 建设工程合同管理

1.3.1 建设工程造价管理相关合同

1.3.1.1 建设工程项目中的主要合同关系

在建设工程项目合同体系中，业主和承包商是两个最主要的节点。

(1) 业主的主要合同关系

业主为了实现建设工程项目总目标，可以通过签订合同将建设工程项目寿命期内有关活动委托给相应的专业承包单位或专业机构。

① 工程承包合同。业主通常签订的工程承包合同主要有：

a. EPC 承包合同。业主将建设工程项目的设计、设备与材料采购、施工任务全部发包给一个承包商。

b. 工程施工合同。业主将建设工程项目的施工任务发包给一家或者多家承包商。根据其所包括的工作范围不同，工程施工合同又可分为：

施工总承包合同——业主将建设工程项目的施工任务全部发包给一家承包商，包括土建工程施工和机电设备安装等；

单项工程或者特殊专业工程承包合同——业主将建设工程项目的各个单项（或者单位）工程（如土建工程施工与机电设备安装）及专业性较强的特殊工程（如桩基础工程、管道工程等）分别发包给不同的承包商。

② 工程勘察合同。工程勘察合同是指业主与工程勘察单位签订的合同。

③ 工程设计合同。工程设计合同是指业主与工程设计单位签订的合同。

④ 设备、材料采购合同。对于业主负责供应的设备、材料，业主需要与设备、材料供应商签订采购合同。

⑤ 工程咨询或项目管理合同。当业主委托相关单位进行建设工程项目可行性研究、技术咨询、造价咨询、招标代理、项目管理、施工监理等，需要与相关单位签订工程咨询或项目管理合同。

⑥ 贷款合同。贷款合同是指业主与金融机构签订的合同。

⑦ 其他合同。如业主与保险公司签订的工程保险合同等。

业主的主要合同关系如图 1-3 所示。

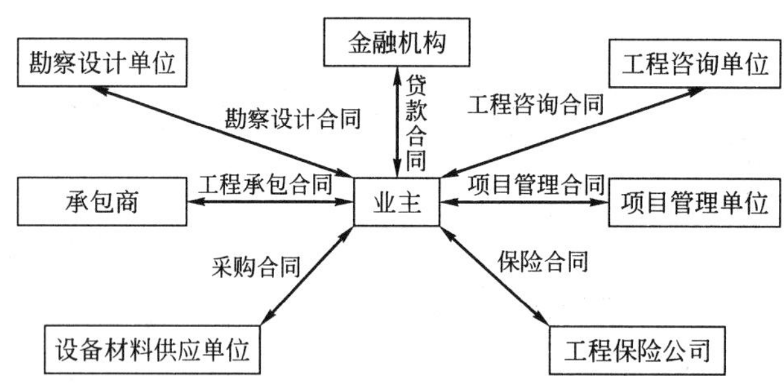

图 1-3 业主的主要合同关系

（2）承包商的主要合同关系

承包商作为工程承包合同的履行者，也可以通过签订合同将工程承包合同中所确定的工程设计、施工、设备材料采购等部分任务委托给其他相关单位来完成。

① 工程分包合同。工程分包合同是指承包商为将工程承包合同中某些专业工程施工交由另一承包商（分包商）完成而与其签订的合同。分包商仅对承包商负责，与业主没有合同关系。

② 设备、材料采购合同。承包商为获得工程所必需的设备、材料，需要与设备、材料供应商签订采购合同。

③ 运输合同。运输合同是指承包商为解决所采购设备、材料的运输问题而与运输单位签订的合同。

④ 加工合同。承包商将建筑构配件、特殊构件的加工任务委托给加工单位时，需要与其签订加工合同。

⑤ 租赁合同。承包商在工程施工中所使用的机具、设备等从租赁单位获得时，需要与租赁单位签订租赁合同。

⑥ 劳务分包合同。劳务分包合同是指承包商与劳务供应商签订的合同。

⑦ 保险合同。承包商按照法律法规及工程承包合同要求进行投保时，需要与工程保险公司签订保险合同。

承包商的主要合同关系如图 1-4 所示。

1.3.1.2 建设工程合同类型

根据《中华人民共和国合同法》，建设工程合同是指承包人进行工程建设，发包人支付价款的合同。建设工程合同包括工程勘察、设计、施工合同。

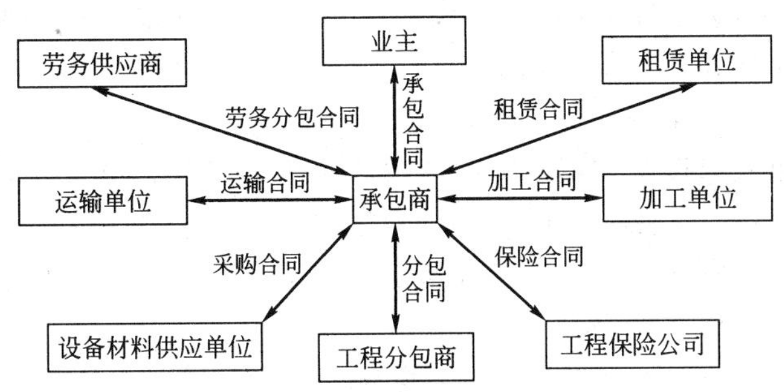

图 1-4 承包商的主要合同关系

总承包人或者勘察、设计、施工承包人经发包人同意，可以将自己承包的部分工作交由第三人完成。第三人就其完成的工作成果与总承包人或者勘察、设计、施工承包人向发包人承担连带责任。承包人不得将其承包的全部建设工程转包给第三人，或者将其承包的全部建设工程肢解以后以分包的名义分别转包给第三人。

(1）建设工程勘察、设计合同

① 工程勘察、设计合同内容。包括提交有关基础资料和文件（包括概预算）的期限、质量要求、费用以及其他协作条件等条款。

② 发包人的责任。因发包人变更计划，提供的资料不准确，或者未按照期限提供必需的工作条件而造成返工、停工或者修改设计，发包人应当按照实际消耗的工作量增付费用。

③ 勘察、设计人的责任。质量不符合要求或者未按照期限提交文件拖延工期，造成发包人损失的，应当继续完善勘察、设计，减收或者免收费用并赔偿损失。

(2）建设工程施工合同

① 工程施工合同的内容。包括工程范围、建设工期、中间交工工程的开工和竣工时间、工程质量、工程造价、技术资料交付时间、材料和设备供应责任、拨款和结算、竣工验收、质量保修范围和质量保证期、双方相互协作等条款。

② 发包人的权利和义务

a. 发包人在不妨碍承包人正常作业的情况下，可以随时对作业进度质量进行检查。

b. 发包人对因施工人的原因致使建设工程质量不符合约定的，有权要求施工人在合理的期限内无偿修理或者返工、改建。

c. 承包人没有通知发包人检查，自行隐蔽工程的，发包人有权检查，检查费用由承包人负担。

d. 发包人在建设工程竣工后，应根据施工图纸及说明书、国家颁发的施工验收规范和质量检验标准进行验收。

e. 发包人应当按照合同约定支付价款并且接收该建设工程。

f. 未经验收的建设工程，发包人不得使用。发包人擅自使用未经验收的建设工程，发现质量问题的，由发包人承担责任。

g. 因发包人的原因致使工程中途停建、缓建的，发包人应当采取措施弥补或者减少损失，赔偿承包人因此造成的停止、窝工、倒运、机械设备调迁、材料和构件积压等损失和实际费用。

h. 由于发包方变更计划，提供的材料不准确，或者未按照期限提供必需的勘察、设计工作条件而造成勘察、设计的返工、停工或者修改设计，发包人应当按照勘察人、设计人实际消耗的工作量增付费用。

③ 承包人的权利和义务

a. 承包人对发包人未按照约定的时间和要求提供原材料、设备、场地、资金、技术资料的，可以请求顺延工程日期，还可以请求赔偿停止、窝工等损失。

b. 承包人在建设工程竣工后，发包人未按照约定支付价款的，可以催告发包人在合理的期限内支付价款。

c. 承包人对发包人逾期不支付价款的，除按照建设工程的性质不宜折价、拍卖的以外可以与发包人协议将该工程折价，也可以申请人民法院将该工程依法拍卖。建设工程的价款就该工程折价或者拍卖的价款优先受偿。

d. 承包人对隐蔽工程已通知发包人检查，而发包人没检查的，承包人可以顺延工程日期，并有权要求赔偿停工、窝工等损失。

e. 隐蔽工程的隐蔽以前，承包人应当通知发包人检查。发包人没有检查的，承包人可以自行检查，填写隐蔽工程检查记录，并将该记录送交发包人。事后发包人对该隐蔽工程进行检查，符合质量标准的，检查费用由发包人负担；不符合质量标准的，检查费用由承包人负担。

f. 勘察、设计的质量低劣或者未按照期限提交勘察、设计文件拖延工期给发包人造成损失的，由勘察人、设计人继续完善勘察、设计，减收或者免收勘察、设计费并赔偿损失。

g. 施工人经过修理或者返工、改建后，造成逾期交付的，施工人应当承担违约责任。

h. 因承包人的原因，致使建设工程质量不符合约定，在合理期限内造成人身和财产损害的，承包人应当承担损害赔偿责任。

(3) 建设工程造价咨询合同

为了加强建设工程造价咨询市场管理，规范市场行为，建设部和国家工商行政管理总局联合颁布了《建设工程造价咨询合同（示范文本）》，该示范文本由以下三部分组成。

① 建设工程造价咨询合同。《建设工程造价咨询合同》中明确规定，下列文件均为建设工程造价咨询合同的组成部分：

a. 建设工程造价咨询合同标准条件；

b. 建设工程造价咨询合同专用条件；

c. 建设工程造价咨询合同执行中共同签署的补充与修正文件。

② 建设工程造价咨询合同标准条件。合同标准条件作为通用性范本，适用于各类建设工程项目造价咨询委托。合同标准条件明确规定了造价咨询合同正常履行过程中委托人和咨询人的义务、权利和责任，合同履行过程中规范化的管理程序，以及合同争议的解决方式等。合同标准条件应全文引用，不得删改。

③ 建设工程造价咨询合同专用条件。合同专用条件是根据建设工程项目特点和条件，由委托人和咨询人协商一致后进行填写。双方如果认为需要，还可在其中增加约定的补充条款和修正条款。

1.3.2 建设工程施工合同管理

1.3.2.1 建设工程合同的类型

按计价方式不同，建设工程合同可以划分为以下三大类。

(1) 总价合同

总价合同是指合同当事人约定以施工图、已标价工程量清单或预算书及有关条件进行合同价格计算、调整和确认的建设工程施工合同，在约定的范围内合同总价不做调整。建设规模较小，技术难度较低，工期较短，且施工图设计已审查批准的建设工程可以采用总价合同。

(2) 单价合同

单价合同是指合同当事人约定以工程量清单及其综合单价进行合同价格计算、调整和确认的建设工程施工合同，在约定的范围内合同单价不做调整。实行工程量清单计价的工程，应采用单价合同。

(3) 其他价格形式合同

合同当事人可在专用合同条款中约定其他合同价格形式，如成本加酬金与定额计价等。成本加酬金合同是将工程项目的实际造价划分为直接成本费和承包商完成工作后应得酬金两部分。紧急抢险、救灾以及施工技术特别复杂的建设工程可以采用成本加酬金合同。

在传统承包模式下，不同计价方式的合同比较见表 1-1。

表 1-1 不同计价方式合同类型比较

合同类型	总价合同	单价合同	成本加酬金合同			
			百分比酬金	固定酬金	浮动酬金	目标成本加奖罚
应用范围	广泛	广泛	有局限性			酌情
业主方造价控制	易	较易	最难	难	不易	有可能
承包商风险	风险大	风险小	基本无风险		风险不大	有风险

1.3.2.2 建设工程施工合同类型的选择

(1) 工程项目的复杂程度

规模大且技术复杂的工程项目，不宜采用固定总价合同。有把握的部分采用总价合同，估算不准的部分采用单价合同或成本加酬金合同。

(2) 工程项目的设计深度

招标图纸和工程量清单的详细程度能否使投标人进行合理报价，取决于已完成的设计深度。表 1-2 中列出了不同设计阶段与合同类型的选择关系。

(3) 工程施工技术的先进程度

如果工程施工中有较大部分采用新技术和新工艺，不宜采用固定价合同，而应选用成本加酬金合同。

(4) 工程施工工期的紧迫程度

有些紧急工程（如灾后恢复工程等）要求尽快开工且工期较紧时，可能仅有实施方案，还没有施工图纸，宜采用成本加酬金合同。

表 1-2　合同类型选择参考表

合同类型	设计阶段	设计主要内容	设计应满足的条件
总价合同	施工图设计	1. 详细的设备清单 2. 详细的材料清单 3. 施工详图 4. 施工图预算 5. 施工组织设计	1. 设备、材料的安排 2. 非标准设备的制造 3. 施工图预算的编制 4. 施工组织设计的编制 5. 其他施工要求
单价合同	技术设计	1. 较详细的设备清单 2. 较详细的材料清单 3. 工程必需的设计内容 4. 修正概算	1. 设计方案中重大技术问题的要求 2. 有关试验方面确定的要求 3. 有关设备制造方面的要求
成本加酬金合同或单价合同	初步设计	1. 总概算 2. 设计依据、指导思想 3. 建设规模 4. 主要设备选型和配置 5. 主要材料需要量 6. 主要建筑物、构筑物的型式和估计工程量 7. 公用辅助设施 8. 主要技术经济指标	1. 主要材料、设备订购 2. 项目总造价控制 3. 技术设计的编制 4. 施工组织设计的编制

1.3.2.3　建设工程施工合同示范文本

（1）建设工程施工合同文件的组成

《建设工程施工合同（示范文本）》（GF-2013-0201，以下简称《合同示范文本》），由以下几部分组成。

① 合同协议书。合同协议书共计 13 条，主要包括：工程概况、合同工期、质量标准、签约合同价和合同价格形式、项目经理、合同文件构成、承诺以及合同生效条件等重要内容，集中约定了合同当事人基本的合同权利义务。

建设工程施工合同文件包括：施工合同协议书、中标通知书、投标函及其附录、专用合同条款及其附件、通用合同条款、技术标准和要求、图纸、已标价工程量清单或预算书、其他合同文件（如招标文件、施工组织设计、其他投标文件等）。

② 通用合同条款。通用合同条款共计 20 条，具体条款分别为：一般约定、发包人、承包人、监理人、工程质量、安全文明施工与环境保护、工期和进度、材料与设备、试验与检验、变更、价格调整、合同价格、计量与支付、验收和工程试车、竣工结算、缺陷责任与保修、违约、不可抗力、保险、索赔和争议解决。

③ 专用合同条款。专用合同条款是对通用合同条款原则性约定的细化、完善、补充、修改或另行约定的条款。合同当事人可以根据不同建设工程的特点及具体情况，通过双方的谈判、协商对相应的专用合同条款进行修改补充。专用合同条款及其附件须经合同当事人签字或盖章。

在使用专用合同条款时，应注意以下事项：

a. 专用合同条款的编号应与相应的通用合同条款的编号一致；

b. 合同当事人可以通过对专用合同条款的修改，满足具体建设工程的特殊要求，避免直接修改通用合同条款；

c. 在专用合同条款中有横线的地方，合同当事人可针对相应的通用合同条款进行细化、完善、补充、修改或另行约定；如无细化、完善、补充、修改或另行约定，则填写“无”或划“/”。

(2) 建设工程施工合同中有关造价的条款

① 签约合同价。是指发包人和承包人在合同协议书中确定的总金额，包括安全文明施工费、暂估价及暂列金额等。

② 合同价格。是指发包人用于支付承包人按照合同约定完成承包范围内全部工作的金额，包括合同履行过程中按合同约定发生的价格变化。

③ 暂估价。是指发包人在工程量清单或预算书中提供的用于支付必然发生但暂时不能确定价格的材料、工程设备的单价、专业工程以及服务工作的金额。

④ 暂列金额。是指发包人在工程量清单或预算书中暂定并包括在合同价格中的一笔款项，用于工程合同签订时尚未确定或者不可预见的所需材料、工程设备、服务的采购，施工中可能发生的工程变更、合同约定调整因素出现时的合同价格调整以及发生的索赔、现场签证确认等的费用。

⑤ 计日工。是指合同履行过程中，承包人完成发包人提出的零星工作或需要采用计日工计价的变更工作时，按合同中约定的单价计价的一种方式。

⑥ 质量保证金。是指按照约定承包人用于保证其在缺陷责任期内履行缺陷修补义务的担保。发包人累计扣留的质量保证金不得超过结算合同价格的5%，如承包人在发包人签发竣工付款证书后28天内提交质量保证金保函，发包人应同时退还扣留的作为质量保证金的工程价款。

⑦ 竣工结算。发承包双方依据国家有关法律、法规和标准规定，按照合同约定确定的，包括在履行合同过程中按合同约定进行的合同价款调整，是承包人按合同约定完成了全部承包工作后，发包人应付给承包人的合同总金额。

⑧ 工程预付款。承包人应在发包人支付预付款7天前提供预付款担保，预付款担保可采用银行保函、担保公司担保等形式。

(3) 建设工程施工合同争议的解决办法

发包人、承包人在履行合同时发生争议，双方可以在专用条款内约定以下一种方式解决争议。

第一种：和解。合同当事人可以就争议自行和解，自行和解达成协议的经双方签字并盖章后作为合同补充文件，双方均应遵照执行。

第二种：调解。合同当事人可以就争议请求建设行政主管部门、行业协会或其他第三方进行调解，调解达成协议的，经双方签字并盖章后作为合同补充文件，双方均应遵照执行。

第三种：争议评审。合同当事人在专用合同条款中约定采取争议评审方式解决争议以及评审规则。

第四种：仲裁或诉讼。因合同及合同有关事项产生的争议，合同当事人可以在专用合同条款中约定。

1.3.3 建设工程总承包合同及分包合同的管理

1.3.3.1 建设工程总承包合同管理

EPC（设计-采购-施工）总承包是最典型和最全面的工程总承包方式，业主仅面对一家承包商，由该承包商负责一个完整工程的设计、施工、设备供应等工作。

(1) EPC 承包合同的订立过程

① 招标。业主在工程项目立项后即开始招标。招标文件的内容包括：投标人须知、合同条件、“业主要求”和投标书格式等文件。

② 投标。承包商根据招标文件提出投标文件。投标文件一般包括：投标书、承包商的项目建议书、工程估价文件等。

③ 签订合同。业主确定中标后，通过合同谈判达成一致后便与承包商签订 EPC 承包合同。

(2) EPC 合同文件的组成及执行的优先次序

① 合同协议书。

② 合同专用条件。

③ 合同通用条件。

④ 业主要求。

⑤ 投标书。是指包含在合同中的由承包商提交并被中标函接受的工程报价书及其附件。

⑥ 作为合同文件组成部分的可能还有：与投标书同时提交，作为合同文件组成部分的数据资料，如工程量清单、数据、费率或价格等；付款计划表或作为付款申请组成部分的报表；与投标书同时递交的方案设计文件等。

(3) EPC 合同的履行管理

① 业主的主要权利和义务

a. 选择和任命业主代表。业主代表由业主在合同中指定或按照合同约定任命。业主代表的地位和作用类似于施工合同中的工程师。

b. 负责工程勘察。业主应按合同规定的日期，向承包商提供工程勘察所取得的现场水文及地表以下的资料。

c. 工程变更。业主代表有权指令或批准变更。与施工合同相比，总承包工程的变更主要是指经业主指示或批准的对业主要求或工程的改变。

d. 施工文件的审查。业主有权检查与审核承包商的施工文件，包括承包商绘制的竣工图纸。竣工图纸的尺寸、参照系及其他有关细节必须经业主代表认可。

② 承包商的主要责任。与施工合同相比，总承包合同中承包商的工程责任更大。

a. 设计责任。承包商应使自己的设计人员和设计分包商符合业主要求中规定的标准。

b. 承包商文件。承包商文件应足够详细，并经业主代表同意或批准后使用。承包商文件应由承包商保存和照管，直到被业主接收为止。承包商若修改已获批准的承包商文件，应通知业主代表，并提交修改后的文件供其审核。

c. 施工文件。承包商应编制足够详细的施工文件，符合业主代表的要求，并对施工文件的完备性、正确性负责。

d. 工程协调。承包商应负责工程的协调，负责与业主要求中指明的其他承包商的协调，负责安排自己及其分包商、业主的其他承包商在现场的工作场所和材料存放地。

e. 除非合同专用条件中另有规定，承包商应负责工程需要的所有货物和其他物品的包装、装货、运输、接收、卸货、存储和保管，并及时将任何工程设备或其他主要货物即将运到现场的日期通知业主。

③ 合同价款及其支付

a. 合同价款。总承包合同通常为总价合同，支付以总价为基础。如果合同价格要随劳务、货物和其他工程费用的变化进行调整，应在合同专用条件中约定。

承包商应支付其为完成合同义务所引起的关税和税收，合同价格不因此类费用变化进行调整，但因法律、行政法规变更的除外。

b. 合同价格的期中支付。合同价格可以采用按月支付或分期（工程阶段）支付方式。如果采用分期支付方式，合同应包括一份支付表，列明合同价款分期支付的详细情况。

1.3.3.2 建设工程分包合同管理

《建设工程施工专业分包合同（示范文本）》（GF-2003-0213）和《建设工程施工劳务分包合同（示范文本）》（GF-2003-0214），可配合《建设工程施工合同（示范文本）》（GF-2013-0201）使用。

(1) 建设工程施工专业分包合同管理

① 专业分包合同的内容。内容包括协议书、通用条款和专用条款三部分。通用条款包括：词语定义及合同文件，双方一般权利和义务，工期，质量与安全，合同价款与支付，工程变更，竣工验收及结算，违约、索赔及争议，保障、保险及担保，其他。

② 专业分包合同文件的组成。专业分包合同的当事人是承包人和分包人。对承包人和分包人具有约束力的合同由下列文件组成：a. 合同协议书；b. 中标通知书（如有时）；c. 分包人的投标函或报价书；d. 除总包合同价款之外的总承包合同文件；e. 合同专用条款；f. 合同通用条款；g. 合同工程建设标准、图纸；h. 合同履行过程中承包人、分包人协商一致的其他书面文件。

从合同文件组成来看，专业分包合同（从合同）与主合同（建设工程施工合同）的区别，主要表现在除主合同中承包人向发包人提交的报价书之外，主合同的其他文件也构成专业分包合同的有效文件。

③ 承包人的义务。承包人应使分包人充分了解其在分包合同中应履行的义务，提供主合同供分包人查阅。此外，如果分包人提出，承包人应当提出一份不包括报价书的主合同副本或复印件，使分包人全面了解主合同的各项内容。

④ 合同价款。承包人将主合同中的部分工作转交给分包人实施，并不是简单地将主合同中该部分的合同价款转移给分包人，分包合同价款与总包合同相应部分价款无任何连带关系。

⑤ 合同工期。与合同价款一样，合同工期也来源于分包人投标书中承诺的工期，作为判定分包人是否按期履行合同义务的标准，也应在合同协议书中注明。

(2) 专业分包合同的履行管理

① 开工。分包人应当按照协议书约定的日期开工。分包人不能按时开工，应在约定开

工日期前5天向承包人提出延期开工要求。承包人接到请求后的48小时内给予同意或否决的答复。

② 支付管理。分包人在合同约定的时间内，向承包人报送该阶段已完工作的工程量报告。承包人计量后，将其列入主合同的支付报表内一并提交工程师。

③ 变更管理。承包人执行了工程师发布的变更指令，进行变更工程量计量及对变更工程进行估价时，应请分包人参加，以便合理确定分包人应获得的补偿款额和工期延长时间。承包人依据分包合同单独发布的变更指令大多与主合同没有关系，诸如增加或减少分包合同规定的部分工作内容；为了整个合同工程的顺利实施，改变分包人原定的施工方法、作业程序或时间等。如果工程变更不属于分包人的责任，承包人应给予分包人相应的费用补偿或/和分包合同工期的顺延。如果工期不能顺延，则要考虑支付赶工措施费用。

④ 竣工验收。专业分包工程具备竣工验收条件时，分包人应向承包人提供完整的竣工资料和竣工验收报告。

若根据主合同无需由发包人验收的部分，承包人按照主合同规定的验收程序与分包人共同验收。无论是发包人组织的验收还是承包人组织的验收，只要验收合格，竣工日期为分包人提交竣工验收报告之日。

(3) 建设工程施工劳务分包合同管理

① 劳务分包合同的内容

a. 劳务合同。包括：劳务分包人资质情况，劳务分包工作对象及提供劳务内容，分包工作期限，质量标准，合同文件及解释顺序，标准规范，总（分）包合同，图纸，项目经理，工程承包人义务，劳务分包人义务，安全施工与检查，安全防护，事故处理，保险，材料、设备供应，劳务报酬，工时及工程量的确认，劳务报酬的中间支付，施工机具、周转材料的供应，施工变更，施工验收，施工配合，劳务报酬最终支付，违约责任，索赔，争议，禁止转包或再分包，不可抗力，文物和地下障碍物，合同解除，合同终止，合同份数，补充条款和合同生效。

b. 附件。为“工程承包人供应材料、设备、构配件计划”“工程承包人提供施工机具、设备一览表”和“工程承包人提供周转、低值易耗材料一览表”三个标准化格式的表格。

② 劳务分包合同的订立。劳务分包合同的发包方可以是施工合同的承包人或承担专业工程施工的分包人。《建设工程施工劳务分包合同（示范文本）》中的空格之处，经双方当事人协商一致后明确填写即可。主要内容包括：工作内容、质量要求、工期、承包人应向分包人提供的图纸和相关资料、承包人委托分包人采购的低值易耗材料、劳务报酬和支付方法、违约责任的处置方式、最终解决合同争议的方式，以及3个附表等。

(4) 劳务分包合同的履行管理

① 施工管理。承包人负责工程的施工管理，承担主合同规定的义务。承包人负责编制施工组织设计、统一制定各项管理目标，并监督分包人的施工。

劳务分包人应派遣合格的人员上岗施工，接受承包人对施工的监督。全部工程验收合格后（包括劳务分包人工作），劳务分包人对其分包的劳务作业施工质量不再承担责任，质量保修期内的保修责任由承包人承担。

② 劳务报酬。劳务分包合同中，支付劳务分包人报酬的方式可以约定为以下三种之一，须在合同中明确约定：

a. 固定劳务报酬方式。在包工不包料承包中，分包工作完成后按承包总价结算。

b. 按工时计算劳务报酬方式。承包人依据劳务分包人投入工作的人员和天数支付分包人的劳务报酬。分包人每天应提供当日投入劳务工作的人数报表，由承包人确认后作为支付的依据。

c. 按工程量计算劳务报酬方式。合同中应约定分包工作内容中各项单位工程量的单价。分包人按月（或旬、日）将完成的工程量报送承包人，经过承包人与分包人共同计量确认后，按实际完成的工程量支付报酬。对于分包人未经承包人认可，超出设计图纸范围和由于分包人的原因返工的工程量不予计量。

第2章 建设项目投资

2.1 建设项目投资的主要内容

2.1.1 建设项目

2.1.1.1 建设项目的概念

建设项目是一个建设单位在一个或几个建设区域内，根据上级下达的计划任务书和批准的总体设计和总概算书，经济上实行独立核算，行政上具有独立的组织形式，严格按基建程序实施的基本建设工程。一般指符合国家总体建设规划，能独立发挥生产功能或满足生活需要，其项目建议书经准立项和可行性研究报告经批准的建设任务。如工业建设中的一座工厂、一个矿山，民用建设中的一个居民区、一幢住宅、一所学校等均为一个建设项目。凡属于一个总体设计中的主体工程和相应的附属配套工程、综合利用工程、环境保护工程、供水供电工程以及水库的干渠配套工程等，都统作为一个建设项目；凡是不属于一个总体设计，经济上分别核算，工艺流程上没有直接联系的几个独立工程，应分别列为几个建设项目。

2.1.1.2 建设项目的主要分类

① 按合理确定工程造价和建设管理的需要，分为建设项目、单项工程、单位工程、分部工程、分项工程，如图 2-1 所示。

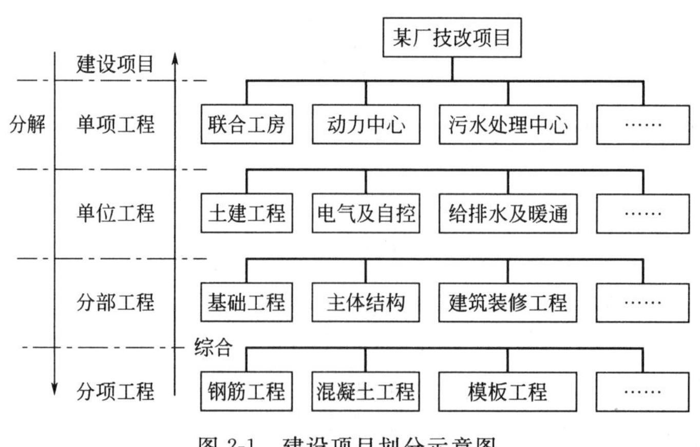

图 2-1 建设项目划分示意图

a. 单项工程：一般指具有独立设计文件的、建成后可以单独发挥生产能力或效益的一组配套齐全的工程项目。单项工程的施工条件往往具有相对的独立性，因此一般单独组织施工和竣工验收。如：工业建设项目中的各个生产车间、办公楼、仓库等，民用建设项目中的某幢住宅楼等都是单项工程。

b. 单位工程：是单项工程的组成部分。一般情况下指一个单体的建筑物或构筑物，民用住宅也可能包括一栋以上同类设计、位置相邻、同时施工的房屋建筑或一栋主体建筑以及附带辅助建筑物共同构成的单位工程。建筑物单位由建筑工程和设备工程组成。住宅小区或工业厂区的室外工程，按照施工质量评定统一标准划分，一般分为包括道路、围墙、建筑小品在内的室外建筑单位工程，电缆、线路、路灯等的室外电气单位工程，以及给水、排水、供热、煤气等的建筑采暖卫生与煤气单位工程。

c. 分部工程：是按照工程结构的专业性质或部位划分的，亦即单位工程的进一步分解。当分部工程较大或较复杂时，可按材料种类、施工特点、施工程序、专业系统及类别等分为若干子分部工程。例如，可以分为基础、墙身、柱梁、楼地面、装饰、金属结构等，其中每一部分成为分部工程。

d. 分项工程：是按主要工种、材料、施工工艺、设备类别等进行划分，也是形成建筑产品基本部构件的施工过程，例如钢筋工程、模板工程、混凝土工程、木门窗制作等。分项工程是建筑施工生产活动的基础，是能进行独立施工的最小单位，也是计量工程用工用料和机械台班消耗的基本单元。

② 按项目的业主和实施者是否属于同一社会组织，分为业务项目和自我开发项目。

③ 按项目本身的盈利性质，分为盈利性项目和非盈利性项目。

④ 按项目的投资者管理形式，分为政府项目、企业项目和非盈利性机构项目。

⑤ 按项目与企业原有资产的关系，分为新建项目和改扩建项目。

⑥ 按项目的融资主体，分为新设法人项目和既有法人项目。

⑦ 按项目的不确定性，分为开放性项目和封闭性项目。

2.1.2 建设项目生命周期

建设项目生命周期，是指建设项目从其生命开始到生命结束的时间。是人们在认识客观规律的基础上，将项目建设分为若干有严格次序的阶段：项目决策阶段，项目建造阶段（包括设计和施工阶段），项目运营与维护阶段，项目报废回收阶段。见图 2-2～图 2-6。

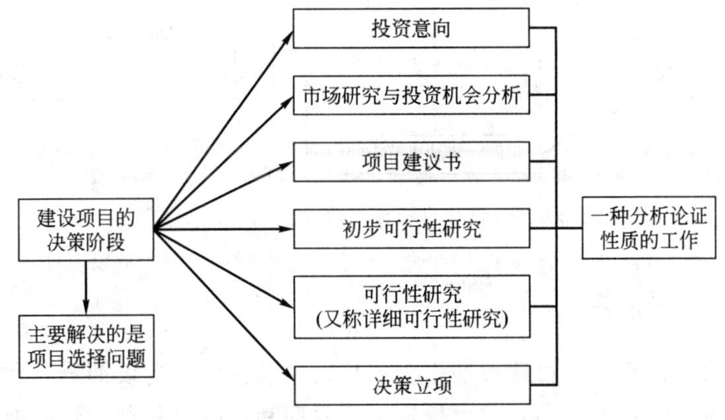

图 2-2 建设项目决策阶段的工作及类型

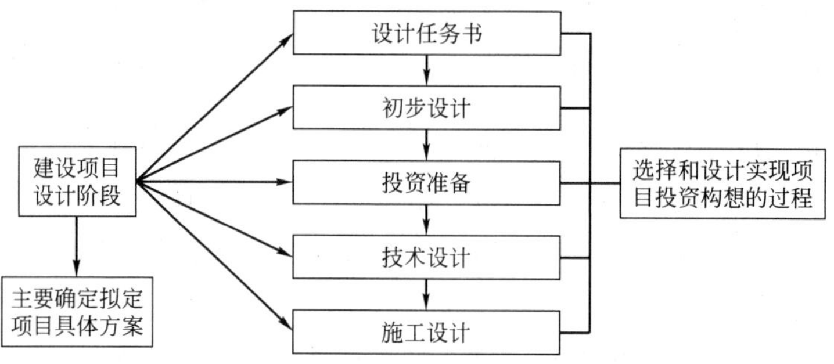

图 2-3　建设项目设计阶段的工作及类型

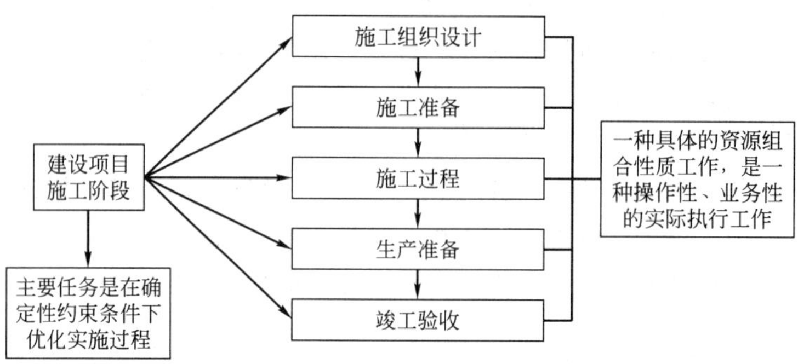

图 2-4　建设项目施工阶段的工作及类型

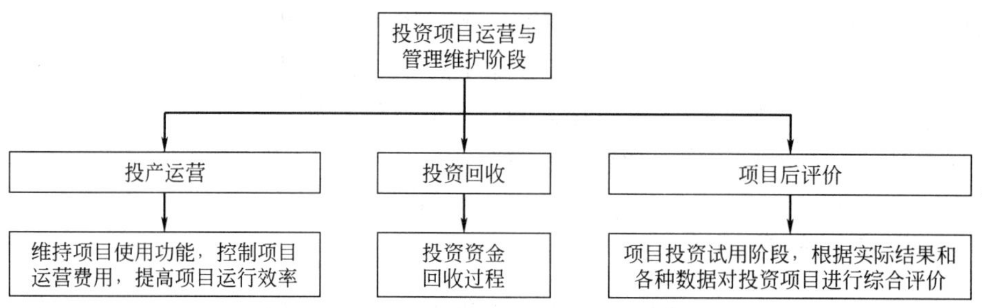

图 2-5　建设项目运营与维护阶段的工作及类型

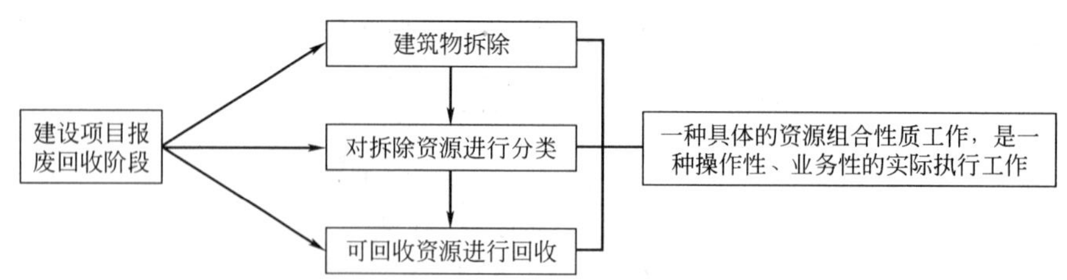

图 2-6　建设项目报废回收阶段的工作及类型

2.1.3 建设项目总投资

建设工程项目总投资指项目建设期用于项目的建设投资、建设期贷款利息、固定资产投资方向调节税和流动资金的总和。建设投资、建设期利息的总和称为建设项目工程造价，具体内容如图 2-7 所示。

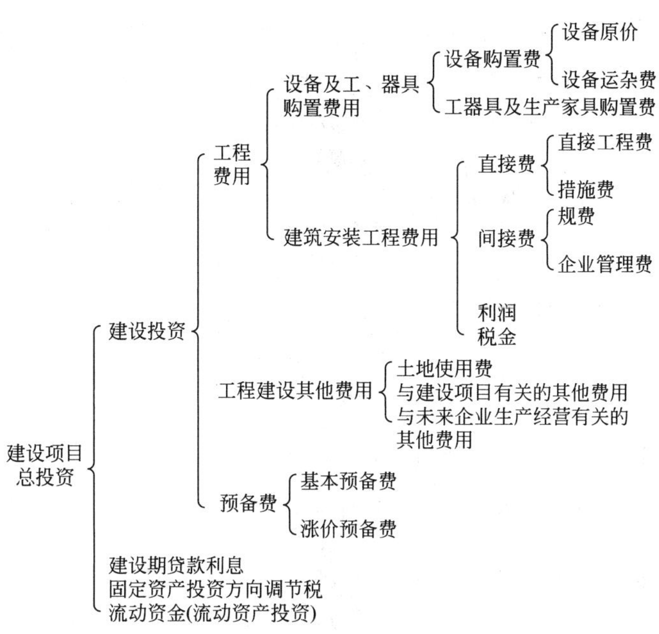

图 2-7 项目总投资构成图

2.2 建设工程造价构成

2.2.1 建设项目工程造价的构成

建设投资和建设期贷款利息、固定资产投资方向调节税的总和称为建设项目工程造价。

(1) 建设投资

建设投资由工程费用（建筑工程费、设备购置费、安装工程费）、工程建设其他费用和预备费（基本预备费和价差预备费）组成。其中建筑工程费和安装工程费有时又通称为建筑安装工程费。

(2) 建设期贷款利息

建设期贷款利息包括支付金融机构的贷款利息和为筹集资金而发生的融资费用。

(3) 固定资产投资方向调节税

固定资产投资方向调节税是指国家为贯彻产业政策、引导投资方向、调整投资结构而征收的投资方向调整税金。

2.2.2 建筑安装工程造价的构成

《建筑安装工程费用项目组成》(建标［2013］44 号)，建筑安装工程费用项目按费用构成要素组成划分为人工费、材料费、施工机具使用费、企业管理费、利润、规费和税金，如

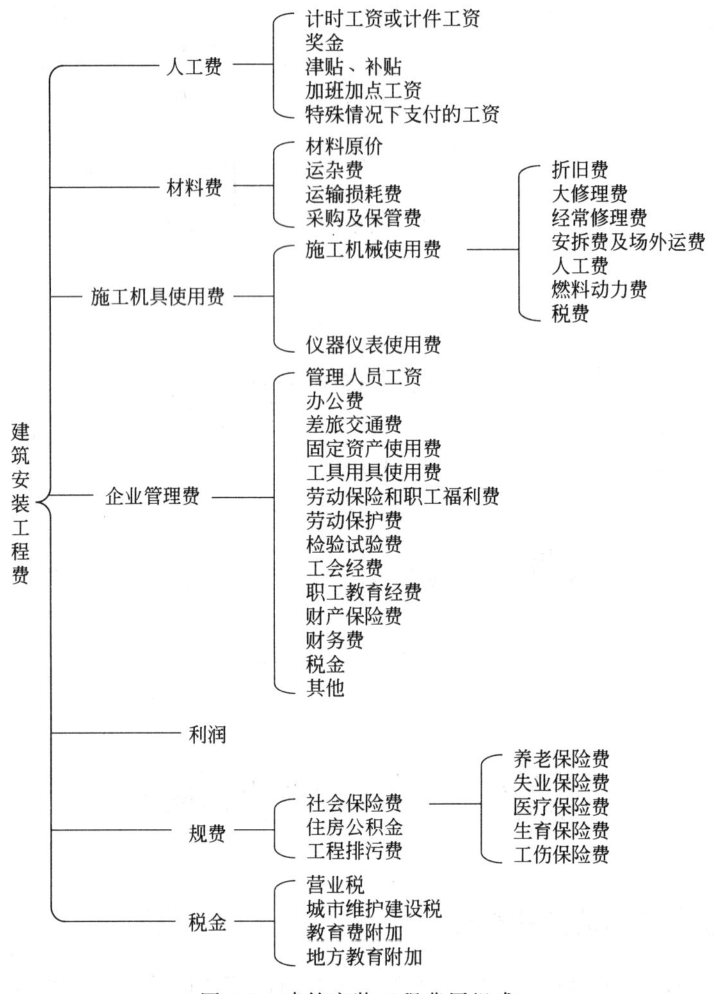

图 2-8　建筑安装工程费用组成

图 2-8 所示。

《建设工程工程量清单计价规范》（GB 50500—2013）的有关规定，实行工程量清单计价，建筑安装工程造价则由分部分项工程费、措施项目费、其他项目费和规费、税金组成，见图 2-9。

《建筑安装工程费用项目组成》主要表述的是建筑安装工程费用项目的组成，而《建设工程工程量清单计价规范》的建筑安装工程造价要求的是建筑安装工程在工程交易和工程实施阶段工程造价的组价要求。二者在计算建筑安装工程造价的角度上存在差异，应用时应引起注意。

(1) 直接费

由直接工程费和措施费组成。

① 直接工程费。指施工过程中耗费的构成工程实体的各项费用。包括人工费、材料费、施工机械使用费。

a. 人工费。指直接从事建筑安装工程施工的生产工人开支的各项费用，内容包括：

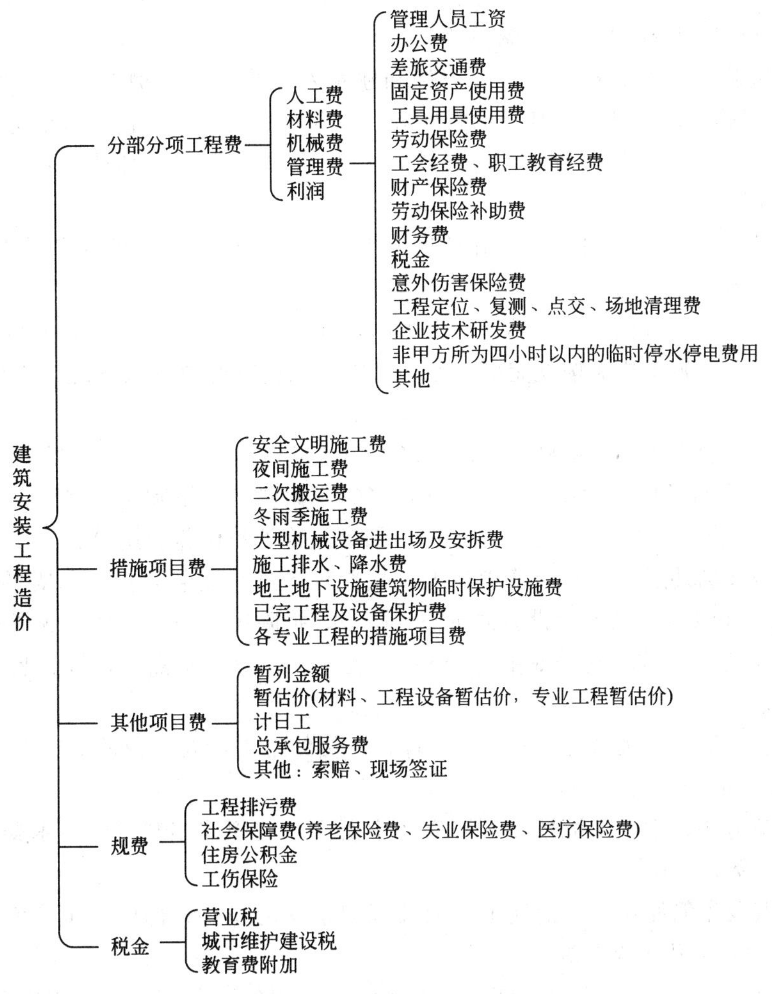

图 2-9 建筑安装工程造价组成

ⅰ. 基本工资。指发放给生产工人的基本工资。

ⅱ. 工资性补贴。指按规定标准发放的物价补贴，煤、燃气补贴，交通补贴，住房补贴，流动施工津贴等。

ⅲ. 生产工人辅助工资。指生产工人年有效施工天数以外非作业天数的工资，包括职工学习、培训期间的工资，调动工作、探亲、休假期间的工资，因气候影响的停工工资，女工哺乳时间的工资，病假在六个月以内的工资及产、婚、丧假期的工资。

ⅳ. 职工福利费。指按规定标准计提的职工福利费。

ⅴ. 生产工人劳动保护费。指按规定标准发放的劳动保护用品的购置费及修理费，徒工服装补贴，防暑降温费，在有碍身体健康环境中施工的保健费用等。

b. 材料费。指施工过程中耗费的构成工程实体的原材料、辅助材料、构配件、零件、半成品的费用。内容包括：

ⅰ. 材料原价（或供应价格）。

ⅱ. 材料运杂费。指材料自来源地运至工地仓库或指定堆放地点所发生的全部费用。

ⅲ. 运输损耗费。指材料在运输装卸过程中不可避免的损耗。

ⅳ. 采购及保管费。指为组织采购、供应和保管材料过程中所需要的各项费用。包括：采购费、仓储费、工地保管费、仓储损耗。

ⅴ. 检验试验费。指对建筑材料、构件和建筑安装物进行一般鉴定、检查所发生的费用，包括自设试验室进行试验所耗用的材料和化学药品等费用。不包括新结构、新材料的试验费和建设单位对具有出厂合格证明的材料进行检验，对构件做破坏性试验及其他特殊要求检验试验的费用。

c. 施工机械使用费。指施工机械作业所发生的机械使用费以及机械安拆费和场外运费。施工机械台班单价应由七项费用组成：

ⅰ. 折旧费。施工机械在规定的使用年限内，陆续收回其原值及购置资金的时间价值。

ⅱ. 大修理费。施工机械按规定的大修理间隔台班进行必要的大修理，以恢复其正常功能所需的费用。

ⅲ. 经常修理费。指施工机械除大修理以外的各级保养和临时故障排除所需的费用。包括为保障机械正常运转所需替换设备与随机配备工具附具的摊销和维护费用，机械运转中日常保养所需润滑与擦拭的材料费用及机械停滞期间的维护和保养费用等。

ⅳ. 安拆费及场外运费。安拆费指施工机械在现场进行安装与拆卸所需的人工、材料、机械和试运转费用以及机械辅助设施的折旧、搭设、拆除等费用；场外运费指施工机械整体或分体自停放地点运至施工现场或由一施工地点运至另一施工地点的运输、装卸、辅助材料及架线等费用。

ⅴ. 人工费。机上司机（司炉）和其他操作人员的工作日人工费及上述人员在施工机械规定的年工作台班以外的人工费。

ⅵ. 燃料动力费。指施工机械在运转作业中所消耗的固体燃料（煤、木柴）、液体燃料（汽油、柴油）及水、电等。

ⅶ. 养路费及车船使用税。指施工机械按照国家规定和有关部门规定应缴纳的养路费、车船使用税、保险费及年检费等。

② 措施费。指为完成工程项目施工，发生于该工程施工前和施工过程中非工程实体项目的费用。包括环境保护费、文明施工费、安全施工费、临时设施费、夜间施工费、二次搬运费、大型机械设备进出场及安拆费、混凝土和钢筋混凝土模板及支架费、脚手架费、已完工程及设备保护费、施工排水、降水费等。

a. 环境保护费。指施工现场为达到环保部门要求所需要的各项费用。

$$\text{环境保护费}=\text{直接工程费}\times\text{环境保护费费率}(\%) \tag{2-1}$$

$$\text{环境保护费费率}(\%)=\frac{\text{本项费用年度平均支出}}{\text{全年建安产值}\times\text{直接工程费占总造价比例}(\%)}$$

b. 文明施工费。指施工现场文明施工所需要的各项费用。

$$\text{文明施工费}=\text{直接工程费}\times\text{文明施工费费率}(\%) \tag{2-2}$$

$$\text{文明施工费费率}(\%)=\frac{\text{本项费用年度平均支出}}{\text{全年建安产值}\times\text{直接工程费占总造价比例}(\%)}$$

c. 安全施工费。指施工现场安全施工所需要的各项费用。

$$\text{安全施工费}=\text{直接工程费}\times\text{安全施工费费率}(\%) \tag{2-3}$$

$$\text{安全施工费费率}(\%)=\frac{\text{本项费用年度平均支出}}{\text{全年建安产值}\times\text{直接工程费占总造价比例}(\%)}$$

d. 临时设施费。指施工企业为进行建筑工程施工所必须搭设的生活和生产用的临时建筑物、构筑物和其他临时设施费用等。

临时设施费由以下三部分组成：周转使用临建（如，活动房屋）；一次性使用临建（如，简易建筑）；其他临时设施（如，临时管线）。

$$临时设施费=(周转使用临建费+一次性使用临建费)\times[1+其他临时设施所占比例(\%)] \tag{2-4}$$

$$周转使用临建费=\sum\left[\frac{临建面积\times每平方米造价}{使用年限\times365\times利用率(\%)}\times工期(天)\right]+一次性拆除费$$

$$一次性使用临建费=\sum临建面积\times每平方米造价\times[1-残值率(\%)]+一次性拆除费$$

e. 夜间施工费。指因夜间施工所发生的夜班补助费、夜间施工降效、夜间施工照明设备摊销及照明用电等费用。

$$夜间施工增加费=\left(1-\frac{合同工期}{定额工期}\right)\times\frac{直接工程费中的人工费合计}{平均日工资单价}\times每工日夜间施工费开支 \tag{2-5}$$

f. 二次搬运费。指因施工场地狭小等特殊情况而发生的二次搬运费用。

$$二次搬运费=直接工程费\times二次搬运费费率(\%) \tag{2-6}$$

$$二次搬运费费率(\%)=\frac{年平均二次搬运费开支额}{全年建安产值\times直接工程费占总造价的比例(\%)}$$

g. 大型机械设备进出场及安拆费。指机械整体或分体自停放场地运至施工现场或由一个施工地点运至另一个施工地点，所发生的机械进出场运输转移费用及机械在施工现场进行安装、拆卸所需的人工费、材料费、机械费、试运转费和安装所需的辅助设施的费用。

$$大型机械进出场及安拆费=\frac{一次进出场及安拆费\times年平均安拆次数}{年工作台班} \tag{2-7}$$

h. 混凝土、钢筋混凝土模板及支架费。指混凝土施工过程中需要的各种钢模板、木模板、支架等的支、拆、运输费用及模板、支架的摊销（或租赁）费用。

$$模板及支架费=模板摊销量\times模板价格+支、拆、运输费用 \tag{2-8}$$

$$摊销量=一次使用量\times(1+施工损耗)\times[1+(周转次数-1)\times补损率/周转次数-(1-补损率)50\%/周转次数]$$

$$租赁费=模板使用量\times使用日期\times租赁价格+支、拆、运输费 \tag{2-9}$$

i. 脚手架费。指施工需要的各种脚手架搭、拆、运输费用及脚手架的摊销（或租赁）费用。

ⅰ. 自有脚手架费的计算：

$$脚手架搭拆费=脚手架摊销量\times脚手架价格+搭、拆、运输费 \tag{2-10}$$

$$脚手架摊销量=\frac{单位一次使用量\times(1-残值率)}{耐用期\div一次使用期}$$

ⅱ. 租赁脚手架费的计算：

$$租赁费=脚手架每日租金\times搭设周期+搭、拆、运输费 \tag{2-11}$$

j. 已完工程及设备保护费。指竣工验收前，对已完工程及设备进行保护所需费用。

$$已完工程及设备保护费=成品保护所需机械费+材料费+人工费 \tag{2-12}$$

k. 施工排水、降水费。指为确保工程在正常条件下施工，采取各种排水、降水措施所发生的各种费用。

排水降水费＝∑排水降水机械台班费×排水降水周期＋排水降水使用材料费＋人工费 （2-13）

（2）间接费

由规费和企业管理费组成。

① 规费。规费指政府和有关权力部门规定必须缴纳的费用。包括工程排污费、工程定额测定费、养老保险费、失业保险费、医疗保险费、住房公积金、危险作业意外伤害保险。

② 企业管理费。企业管理费指施工企业为组织施工生产经营活动所发生的管理费用。包括管理人员工资、办公费、差旅交通费、固定资产使用费、工具用具使用费、劳动保险费、工会经费、职工教育经费、财产保险费、财务费、税金、其他。

（3）利润

指施工企业完成所承包工程获得的盈利。

（4）税金

2.2.3 设备及工器具购置费的构成

2.2.3.1 设备购置费的构成

设备购置费是指为建设项目购置或自制的达到固定资产标准的各种国产或进口设备、工具、器具的购置费用。由设备原价和设备运杂费构成。

设备购置费＝设备原价＋设备运杂费 （2-14）

（1）国产设备原价的构成及计算

国产标准设备原价指的是设备制造厂的交货价或订货合同价。国产设备原价分为国产标准设备原价和国产非标准设备原价。

国产标准设备原价，包括有备件的原价和不带有备件的原价。计算时，一般用带有备件的原价。

国产非标准设备原价，有多种计算方法，如成本计算估价法、系列设备插入估价法、分部组合估价法定额估价法等。按成本计算估价法，非标准设备的原价由以下各项组成：

① 材料费。材料费＝材料净重×(1＋加工损耗系数)×每吨材料综合价 （2-15）

② 加工费。加工费＝设备总重×设备每吨加工费 （2-16）

③ 辅助材料费。辅助材料费＝设备总重×辅助材料费指标 （2-17）

④ 专用工具费。按①～③项之和乘以一定百分比计算。

⑤ 废品损失费。按①～④项之和乘以一定百分比计算。

⑥ 外购配套件费。按设备设计图纸所列的外购配套件的名称、重量，根据相应的价格加运杂费计算。

⑦ 包装费。按以上①～⑥项之和乘以一定百分比计算。

⑧ 利润。可按①～⑤项加第⑦项之和乘以一定利润率计算。

⑨ 税金。主要指增值税。计算公式为：

增值税＝当期销项税额－进项税额 （2-18）

当期销项税额＝销售额×适用增值税率

销售额=①～⑧项之和

⑩ 非标准设备设计费。

综上，单台非标准设备原价公式表达：

单台非标准设备原价={[(材料费+加工费+辅助材料费)×
(1+专用工具费率)×(1+废品损失费率)+
外购配套件费]×(1+包装费率)-外购配套件费}×
(1+利润率)+销项税金+
非标准设备设计费+外购配套件费　(2-19)

(2) 进口设备原价的构成及计算

进口设备的原价是指进口设备的抵岸价，即抵达买方边境港口或边境车站，且交完关税等税费后形成的价格。进口设备抵岸价的构成与进口设备的交货类别有关。

① 进口设备的交货类别。进口设备的交货类别可分为内陆交货类、目的地交货类、装运港交货类。

a. 内陆交货类。即卖方在出口国内陆的某个地点交货。

b. 目的地交货类。即卖方在进口国的港口或内地交货。

c. 装运港交货类。即卖方在出口国装运港交货，主要有装运港船上交货价（FOB），习惯称离岸价格，运费在内价（C&F）和运费、保险费在内价（CIF），习惯称到岸价格。装运港船上交货价（FOB）是我国进口设备采用最多的一种货价。

② 进口设备抵岸价的构成及计算。进口设备采用最多的是装运港船上交货价（FOB），其抵岸价的构成可概括为：

进口设备抵岸价=货价+国际运费+运输保险费+银行财务费+外贸手续费+关税+
增值税+消费税+车辆购置附加费　(2-20)

a. 货价。一般指装运港船上交货价（FOB）。

b. 国际运费。即从装运港（站）到达我国抵达港（站）的运费。

国际运费(海、陆、空)=原币货价(FOB)×运费率　(2-21)

或　国际运费(海、陆、空)=运量×单位运价　(2-22)

c. 运输保险费

$$运输保险费=\frac{原币货价(FOB)+国外运费}{1-保险费率}\times保险费率 \tag{2-23}$$

d. 银行财务费。一般是指中国银行手续费，可按下式简化计算：

银行财务费=人民币货价(FOB)×银行财务费率　(2-24)

e. 外贸手续费。指委托具有外贸经营权的经贸公司采购而发生的外贸手续费率计取的费用，外贸手续费率一般取1.5%。计算公式为：

外贸手续费=[装运港船上交货价(FOB)+国际运费+运输保险费]×外贸手续费率　(2-25)

f. 关税。由海关对进出国境或关境的货物和物品征收的一种税。计算公式为：

关税=到岸价格(CIF)×进口关税税率　(2-26)

g. 增值税。是对从事进口贸易的单位和个人，在进口商品报关进口后征收的税种。

我国增值税条例规定，进口应税产品均按组成计税价格和增值税税率直接计算应纳税额，即：

进口产品增值税额=组成计税价格×增值税税率

组成计税价格=关税完税价格+关税+消费税　　(2-27)

h. 消费税。对部分进口设备（如轿车、摩托车等）征收，一般计算公式为：

$$应纳消费税额=\frac{到岸价+关税}{1-消费税税率}\times 消费税税率 \quad (2\text{-}28)$$

i. 车辆购置附加费：进口车辆需缴进口车辆购置附加费。其计算公式如下：

进口车辆购置附加费=(到岸价+关税+消费税+增值税)×进口车辆购置附加费率　　(2-29)

(3) 设备运杂费的构成及计算

① 设备运杂费的构成。设备运杂费通常由下列各项构成：a. 运费和装卸费；b. 包装费在设备原价中没有包含的，为运输而进行的包装支出的各种费用；c. 设备供销部门的手续费；d. 采购与仓库保管费。

② 设备运杂费的计算。设备运杂费按设备原价乘以设备运杂费率计算，其公式为：

设备运杂费=设备原价×设备运杂费率　　(2-30)

2.2.3.2 工器具及生产家具购置费的构成

工具、器具及生产家具购置费，是指新建或扩建项目初步设计规定的，保证初期正常生产必须购置的没有达到固定资产标准的设备、仪器、工卡模具、器具、生产家具和备品备件等的购置费用。一般以设备费为计算基数，计算公式为：

工具、器具及生产家具购置费=设备购置费×定额费率　　(2-31)

2.2.4 工程建设其他费的构成

工程建设其他费用，是指从工程筹建起到工程竣工验收交付生产或使用止的整个建设期间，除建筑安装工程费用和设备及工、器具购置费用以外的，为保证工程建设顺利完成和交付使用后能够正常发挥效益或效能而发生的各项费用。工程建设其他费用按资产属性分别形成固定资产、无形资产和其他资产（递延资产）。

2.2.4.1 固定资产

(1) 建设管理费

是指建设单位从项目筹建开始直至工程竣工验收合格或交付使用为止发生的项目建设管理费用。费用内容包括：

① 建设单位管理费。是指建设单位发生的管理性质的开支。包括：工作人员工资、工资性补贴、施工现场津贴、职工福利费、住房基金、基本养老保险费、基本医疗保险费、失业保险费、工伤保险费、办公费、差旅交通费、劳动保护费、必要的办公及生活用品购置费等。

② 工程监理费。

③ 工程质量监督费。

④ 招标代理费。

⑤ 工程造价咨询费。

(2) 建设用地费

是指建设项目征用土地或租用土地应支付的费用。

① 土地征用及补偿费。

② 征用耕地按规定一次性缴纳的耕地占用税。

③ 建设单位租用建设项目土地使用权在建设期支付的租地费用。

(3) 可行性研究费

是指在建设项目前期工作中，编制和评估项目建议书（或预可行性研究报告）、可行性研究报告所需的费用。

(4) 研究试验费

是指为本建设项目提供或验证设计数据、资料等进行必要的研究试验及按照设计规定在建设过程中必须进行试验、验证所需的费用。

(5) 勘察设计费

包括：工程勘察费、初步设计费（基础设计费）、施工图设计费（详细设计费）、设计模型制作费。

(6) 环境影响评价费

包括：编制环境影响报告书（含大纲）、环境影响报告表和评估环境影响报告书（含大纲）、评估环境影响报告表等所需的费用。

(7) 劳动安全卫生评价费

包括：编制建设项目劳动安全卫生预评价大纲和劳动安全卫生预评价报告书，以及为编制上述文件所进行的工程分析和环境现状调查等所需费用。

(8) 场地准备及临时设施费

是指建设场地准备费和建设单位临时设施费。

① 场地准备费，是指建设项目为达到工程开工条件所发生的场地平整和对建设场地余留的有碍于施工建设的设施进行拆除清理的费用。

② 临时设施费，是指为满足施工建设需要而供应到场地界区的、未列入工程费用的临时水、电、路、通信、气等其他工程费用和建设单位的现场临时建（构）筑物的搭设、维修、拆除、摊销或建设期间租赁费用，以及施工期间专用公路养护费、维修费。

(9) 引进技术和引进设备其他费

是指引进技术和设备发生的未计入设备费的费用。

(10) 工程保险费

是指建设项目在建设期间根据需要对建筑工程、安装工程、机器设备和人身安全进行投保而发生的保险费用。包括建筑安装工程一切险、引进设备财产保险和人身意外伤害险等。

(11) 联合试运转费

是指新建项目或新增加生产能力的工程，在交付生产前按照批准的设计文件所规定的工程质量标准和技术要求，进行整个生产线或装置的负荷联合试运转或局部联动试车所发生的费用净支出（试运转支出大于收入的差额部分费用）。

(12) 特殊设备安全监督检验费

是指在施工现场组装的锅炉及压力容器、压力管道、消防设备、燃气设备、电梯等特殊设备和设施，由安全监察部门按照有关安全监察条例和实施细则以及设计技术要求进行安全检验，应由建设项目支付的、向安全监察部门缴纳的费用。

(13) 市政公用设施费

是指使用市政公用设施的建设项目，按照项目所在地省一级人民政府有关规定建设或缴纳的市政公用设施建设配套费用，以及绿化工程补偿费用。

2.2.4.2 无形资产

形成无形资产费用的有专利及专有技术使用费。费用内容包括：

① 国外设计及技术资料费，引进有效专利、专有技术使用费和技术保密费；

② 国内有效专利、专有技术使用费用；

③ 商标权、商誉和特许经营权费等。

2.2.4.3 其他资产（递延资产）

是指建设项目为保证正常生产（或营业、使用）而发生的人员培训费、提前进厂费以及投产使用必备的生产办公、生活家具用具及工器具等购置费用。包括：

① 人员培训费及提前进厂费，如自行组织培训或委托其他单位培训的人员工资、工资性补贴、职工福利费、差旅交通费、劳动保护费、学习资料费等；

② 为保证初期正常生产（或营业、使用）所必需的生产办公、生活家具用具购置费；

③ 为保证初期正常生产（或营业、使用）必需的第一套不够固定资产标准的生产工具、器具、用具购置费，不包括备品备件费。

2.2.5 预备费、建设期贷款利息

除建筑安装工程费用、工程建设其他费用以外，在编制建设项目投资估算、设计总概算时，应计算预备费、建设期贷款利息和固定资产投资方向调节税。

2.2.5.1 预备费

(1) 基本预备费

基本预备费是指在投资估算或设计概算内难以预料的工程费用，费用内容包括：

① 在批准的初步设计范围内，技术设计、施工图设计及施工过程中所增加的工程费用；设计变更、局部地基处理等增加的费用；

② 一般自然灾害造成的损失和预防自然灾害所采取的措施费用，实行工程保险的工程项目费用应适当降低；

③ 竣工验收时为鉴定工程质量，对隐蔽工程进行必要的挖掘和修复费用；

④ 超长、超宽、超重引起的运输增加费用等。

基本预备费估算，一般是以建设项目的工程费用和工程建设其他费用之和为基础，乘以基本预备费率进行计算。

(2) 价差预备费

价差预备费是指建设项目在建设期间，由于价格等变化引起工程造价变化的预测预留

费用。

2.2.5.2 建设期贷款利息

建设期贷款利息包括向国内银行和其他非银行金融机构贷款、出口信贷、外国政府贷款、国际商业银行贷款以及在境内外发行的债券等在建设期内应偿还的贷款利息。在考虑资金时间价值的前提下，建设期贷款利息实行复利计息。对于贷款总额一次性贷出且利息固定的贷款，建设期贷款本息直接按复利公式计算。但当总贷款是分年均衡发放时，复利利息的计算就较为复杂。

第3章 建设工程造价有关法规

3.1 建筑法

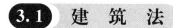

3.1.1 建筑许可

建筑许可包括建筑工程施工许可和从业资格两个方面。

(1) 建筑工程施工许可

① 施工许可证的申领。除国务院建设行政主管部门确定的限额以下的小型工程外，建筑工程开工前，建设单位应当按照国家有关规定向工程所在地县级以上人民政府建设行政主管部门申请领取施工许可证。按照国务院规定的权限和程序批准开工报告的建筑工程，不再领取施工许可证。

申请领取施工许可证，应当具备如下条件：已办理建筑工程用地批准手续；在城市规划区内的建筑工程，已取得规划许可证；需要拆迁的，其拆迁进度符合施工要求；已经确定建筑施工单位；有满足施工需要的施工图纸及技术资料；有保证工程质量和安全的具体措施；建设资金已经落实；法律、行政法规规定的其他条件。

② 施工许可证的有效期限。建设单位应当自领取施工许可证之日起3个月内开工。因故不能按期开工的，应当向发证机关申请延期；延期以两次为限，每次不超过3个月。

③ 中止施工和恢复施工。中止施工满1年的工程恢复施工前，建设单位应当报发证机关核验施工许可证。因故不能按期开工超过6个月的，应当重新办理开工报告的批准手续。

(2) 从业资格

从事建筑活动的施工企业、勘察、设计和监理单位，按照其拥有的注册资本、专业技术人员、技术装备、已完成的建筑工程业绩等资质条件，划分为不同的资质等级，经资质审查合格，取得相应等级的资质证书后，方可在其资质等级许可的范围内从事建筑活动。

3.1.2 建筑工程发包与承包

(1) 建筑工程发包

① 发包方式。建筑工程依法实行招标发包，发包单位应当将建筑工程发包给依法中标的承包单位；对不适用于招标发包的可以直接发包，将建筑工程发包给具有相应资质条件的承包单位。

② 禁止行为。提倡对建筑工程实行总承包，禁止将建筑工程肢解发包。

（2）建筑工程承包

① 承包资质。承包建筑工程的单位应在其资质等级许可的业务范围内承揽工程。

② 联合承包。大型建筑工程或结构复杂的建筑工程，可以由两个以上的承包单位联合共同承包。不同资质等级的单位实行联合共同承包的，应当按照资质等级低的单位的业务许可范围承揽工程。

③ 工程分包。建筑工程总承包单位可以将部分工程发包给具有相应资质条件的分包单位。但是必须经建设单位认可。建筑工程主体结构的施工必须由总承包单位自行完成。总承包单位和分包单位就分包工程对建设单位承担连带责任。

④ 禁止行为。禁止承包单位将其承包的全部建筑工程转包给他人，或将全部建筑工程肢解以后转包给他人。禁止将工程分包给不具备资质条件的单位。禁止分包单位将其承包的工程再分包。

⑤ 建筑工程造价。建筑工程造价应当按照国家有关规定，由发包单位与承包单位在合同中约定。

3.1.3 建筑工程监理

所谓建筑工程监理，是指具有相应资质条件的工程监理单位受建设单位委托，依照法律、行政法规及有关的技术标准、设计文件和建筑工程承包合同，对承包单位在施工质量、工期和资金使用等方面，代表建设单位实施的监督管理活动。

实行监理的建筑工程，建设单位与其委托的工程监理单位应当订立书面委托监理合同。工程监理人员发现工程设计不符合建筑工程质量标准或者合同约定的质量要求的，应当报告建设单位要求设计单位改正；认为工程施工不符合工程设计要求、施工技术标准和合同约定的，有权要求建筑施工企业改正。

3.1.4 建筑安全生产管理

建筑工程安全生产管理必须坚持安全第一、预防为主的方针。

建筑施工企业在编制施工组织设计时，应当根据建筑工程的特点制定相应的安全技术措施；对专业性较强的工程项目，应该编制专项安全施工组织设计，并采取安全技术措施。

涉及建筑主体和承重结构变动的装修工程，建设单位应当在施工前委托原设计单位或者具备相应资质条件的设计单位提出设计方案；没有设计方案的，不得施工。房屋拆除应当由具备保证安全条件的建筑施工单位承担，由建筑施工单位负责人对安全负责。

3.1.5 建筑工程质量管理

建筑施工企业对工程的施工质量负责。建筑施工企业必须按照工程设计图纸和施工技术标准施工，不得偷工减料。工程设计的修改由原设计单位负责，建筑施工企业不得擅自修改工程设计。

建筑工程竣工经验收合格后，方可交付使用；未经验收或验收不合格的，不得交付使用。交付竣工验收的建筑工程，必须符合规定的建筑工程质量标准，有完整的工程技术经济资料和经签署的工程保修书，并具备国家规定的其他竣工条件。

建筑工程实行质量保修制度，保修期限应当按照保证建筑物合理寿命年限内正常使用，维护使用者合法权益的原则确定。

3.2 合同法

《中华人民共和国合同法》（以下简称《合同法》）中的合同是指平等主体的自然人、法人、其他组织之间设立、变更、终止民事权利义务关系的协议。

《合同法》中所列的平等主体有三类，即：自然人、法人和其他组织。

合同的基本原则：平等、自愿、公平、诚实信用、合法的原则。

3.2.1 合同的订立

当事人订立合同，应当具有相应的民事权利能力和民事行为能力。当事人依法可以委托代理人订立合同。所谓委托代理人订立合同，是指当事人委托他人以自己的名义与第三人签订合同，并承担由此产生的法律后果的行为。

(1) 合同的形式和内容

① 合同的形式。当事人订立合同，有书面形式、口头形式和其他形式。建设工程合同应当采用书面形式。

② 合同的内容。合同的内容由当事人约定，一般包括：当事人的名称或姓名和住所；标的；数量；质量；价款或者报酬；履行的期限、地点和方式；违约责任；解决争议的方法。

(2) 合同订立的程序

当事人订立合同，应当采取要约、承诺方式。

① 要约。要约是希望和他人订立合同的意思表示。要约应当符合如下规定：a. 内容具体确定；b. 表明经受要约人承诺，要约人即受该意思表示约束。

所谓要约邀请，是希望他人向自己发出要约的意思表示。要约邀请并不是合同成立过程中的必经过程，这种意思表示的内容往往不确定，在法律上无需承担责任。寄送的价目表、拍卖公告、招标公告、招股说明书、商业广告等均属要约邀请。

要约到达受要约人时生效。如采用数据电文形式订立合同，收件人指定特定系统接收数据电文的，该数据电文进入该特定系统的时间，视为到达时间；未指定特定系统的，该数据电文进入收件人的任何系统的首次时间，视为到达时间。

要约可以撤回，撤回要约的通知应当在要约到达受要约人之前或者与要约同时到达受要约人。

② 承诺。承诺是受要约人同意要约的意思表示，承诺应当以通知的方式作出。

a. 承诺的期限。承诺应当在要约确定的期限内到达要约人。

以信件或者电报作出的要约，承诺期限自信件载明的日期或者电报交发之日开始计算。信件未载明日期的，自投寄该信件的邮戳日期开始计算。以电话、传真等快递通信方式作出的要约，承诺期限自要约到达受要约人时开始计算。

b. 承诺的生效。承诺通知到达要约人时生效。承诺不需要通知的，根据交易习惯或者要约的要求做出承诺的行为时生效。

c. 承诺的撤回。承诺可以撤回，撤回承诺的通知应当在承诺通知到达要约人之前或者承诺通知同时到达要约人。

d. 逾期承诺。受要约人超过承诺期限发出承诺的，除要约人及时通知受要约人该承诺有效的以外，为新要约。

e. 要约内容的变更。有关合同标的、数量、质量、价款或者报酬、履行期限、履行地点和方式、违约责任和解决争议方法等的变更，是对要约内容的实质性变更。受要约人对要约的内容做出实质性变更的，为新要约。

(3) 合同的成立

承诺生效时合同成立。

① 合同成立的时间。当事人采用合同书形式订立合同的，自双方当事人签字或者盖章时合同成立。当事人采用信件、数据电文等形式订立合同的，可以在合同成立之前要求签订确认书。签订确认书时合同成立。

② 合同订立的地点。采用数据电文形式订立合同的，收件人的主营业地为合同成立的地点；没有主营业地的，其经常居住地为合同成立的地点。当事人采用合同书形式订立合同的，双方当事人签字或者盖章的地点为合同成立的地点。

③ 合同成立的情形还包括：

a. 法律、行政法规规定或者当事人约定采用书面形式订立合同，当事人未采用书面形式但一方已经履行主要义务，对方接受的。

b. 采用合同书形式订立合同，在签字或者盖章之前，当事人一方已经履行主要义务，对方接受的。

(4) 格式条款

① 采用格式条款订立合同，有利于提高当事人双方合同订立过程效率、减少交易成本、避免合同订立过程中因当事人双方一事一议而可能造成的合同内容的不确定性。但由于格式条款的提供者会更多地考虑自己的利益，为此，提供格式条款的一方应当遵循公平的原则确定当事人之间的权利义务关系，并采取合理的方式提请对方注意免除或者限制其责任的条款，按照对方的要求，对该条款予以说明。

② 提供格式条款一方免除自己责任、加重对方责任、排除对方主要权利的，该条款无效。

③ 格式条款的解释。对格式条款有两种以上解释的，应当做出不利于提供格式条款一方的解释。格式条款和非格式条款不一致的，应当采用非格式条款。

(5) 缔约过失责任

当事人订立合同过程中有下列情形之一，给对方造成损失的，应当承担损害赔偿责任：

① 假借订立合同，恶意进行磋商；

② 故意隐瞒与订立合同有关的重要事实或者提供虚假情况；

③ 有其他违背诚实信用原则的行为。

3.2.2 合同的效力

(1) 合同的生效

合同生效与合同成立是两个不同的概念。合同的成立，是指双方当事人依照有关法律对合同的内容进行协商并达成一致的意见。合同成立的判断依据是承诺是否生效。合同生效，是指合同产生的法律效力，具有法律约束力。

① 合同生效时间。依法成立的合同，自成立时生效。

② 附条件的合同。当事人对合同的效力可以约定附条件。附生效条件的合同，自条件成就时生效。

③ 附期限的合同。当事人对合同的效力可以约定附期限。附生效期限的合同，自期限届至时生效。

(2) 效力待定合同

效力待定合同是指合同已经成立，但合同效力能否产生尚不能确定的合同。效力待定合同包括：限制民事行为能力人订立的合同和无权代理人代订的合同。

① 限制民事行为能力人订立的合同。限制民事行为能力人是指10周岁以上不满18周岁的未成年人，以及不能完全辨认自己行为的精神病人。限制民事行为能力人订立的合同，经法定代理人追认后，该合同有效。

由此可见，限制民事行为能力人订立的合同在以下几种情形下订立的合同是有效的：a. 经过其法定代理人追认的合同，即为有效合同；b. 纯获利益的合同，即限制民事行为能力人订立的接受奖励、赠与、报酬等只需获得利益而不需其承担任何义务的合同，不必经其法定代理人追认，即为有效合同；c. 与限制民事行为能力人的年龄、智力、精神健康状况相适应而订立的合同，不必经其法定代理人追认，即为有效合同。

与限制民事行为能力人订立合同的相对人可以催告法定代理人在1个月内予以追认。

② 无权代理人代订的合同。无权代理人订立的合同主要包括行为人没有代理权、超越代理权限范围或者代理权终止后仍以被代理人的名义订立的合同。

a. 未经被代理人追认，对被代理人不发生效力，由行为人承担责任。

b. 相对人有理由相信行为人有代理权的，该代理行为有效。这是《合同法》针对表见代理情形所做出的规定。所谓表见代理，是善意相对人通过被代理人的行为足以相信无权代理人具有代理权的情形。

如果确实存在充分、正当的理由并足以使相对人相信有权代理人具有代理权，则无权代理人的代理行为有效，即无权代理人通过其表见代理行为与相对人订立的合同具有法律效力。

c. 法人或者其他组织的法定代表人、负责人超越权限订立的合同的效力。法人或者其他组织的法定代表人、负责人超越权限订立的合同，除相对人知道或者应当知道其超越权限的以外，该代表行为有效。

d. 无处分权的人处分他人财产，经权利人追认或者无处分权的人订立合同后取得处分权的，该合同有效。

(3) 无效合同

无效合同是指其内容和形式违反了法律、行政法规的强制性规定，或者损害了国家利益、集体利益、第三人利益和社会公共利益，因而不为法律承认和保护、不具有法律效力的合同。

① 无效合同的情形。有下列情形之一的，合同无效：

a. 一方以欺诈、胁迫的手段订立合同，损害国家利益；

b. 恶意串通，损害国家、集体或第三人利益；

c. 以合法形式掩盖非法目的；

d. 损害社会公共利益；

e. 违反法律、行政法规的强制性规定。

② 合同部分条款无效的情形。合同中下列免责条款无效：

a. 造成对方人身伤害的；

b. 因故意或者重大过失造成对方财产损失的。

如果免责条款所产生的后果具有社会危害性和侵权性，侵害了对方当事人的人身权利和财产权利，则该免责条款不具有法律效力。

(4) 可变更或者撤销的合同

可变更、可撤销合同是指欠缺一定的合同生效条件，但当事人一方可依照自己的意思使合同的内容得以变更或者使合同的效力归于消灭的合同。

① 当事人一方有权请求人民法院或者仲裁机构变更或者撤销的合同有：

a. 因重大误解订立的；

b. 在订立合同时显失公平；

c. 一方以欺诈、胁迫的手段或者乘人之危，使对方在违背真实意思的情况下订立的合同，受损害方有权请求人民法院或者仲裁机构变更或者撤销。

② 撤销权的消灭。撤销权是指受损害的一方当事人对可撤销的合同依法享有的、可请求人民法院或仲裁机构撤销该合同的权利。撤销权应由撤销权人行使，并应向人民法院或者仲裁机构主张该项权利。有下列情形之一的，撤销权消灭：

a. 具有撤销权的当事人自知道或者应当知道撤销是由之日起 1 年内没有行使撤销权；

b. 具有撤销权的当事人知道撤销事由后明确表示或者以自己的行为放弃撤销权。

③ 无效合同或者被撤销的合同自始没有法律约束力。对当事人依据无效合同或者被撤销的合同而取得的财产应当依法进行如下处理：

a. 返还财产或者折价补偿。当事人依据无效合同或者被撤销的合同所取得的财产，应当予以返还；不能返还或者没有必要返还的，应当折价补偿。

b. 赔偿损失。合同被确认无效或者被撤销后，有过错的一方应赔偿对方因此所受到的损失。双方都有过错的，应当各自承担相应的责任。

c. 收归国家所有或者返还集体、第三人。当事人恶意串通，损害国家、集体或者第三人利益的，因此取得的财产收归国家所有或者返还集体、第三人。

3.2.3 合同的履行

合同履行是指合同生效后，合同当事人为实现订立合同欲达到的预期目的而依照合同全面、适当地完成合同义务的行为。

（1）合同履行的原则

① 全面履行原则。

② 诚实信用原则。

还要求合同当事人在履行合同约定的主义务的同时，履行合同履行过程中的附随义务：①及时通知义务。②提供必要条件和说明的义务。③协助义务。④保密义务。

（2）合同履行的一般规定

① 合同有关内容没有约定或者约定不明确问题的处理。当事人就某些合同内容没有约定或者约定不明确的，可以协议补充；不能达成补充协议的，按照合同有关条款或者交易习惯确定。依照以上基本原则和方法仍不能确定合同有关内容的，应当按照下列方法处理：

a. 质量要求不明确的，按照国家标准、行业标准履行；没有国家标准、行业标准的，按照通常标准或者符合合同目的的特定标准履行。

b. 价款或者报酬不明确的，按照订立合同时履行地的市场价格履行；依法应当执行政府定价或者政府指导价的，在合同约定的交付期限内政府价格调整时，按照交付时的价格计价。逾期交付标的物的，遇价格上涨时，按照原价格执行；价格下降时，按照新价格执行。逾期提取标的物或者逾期付款的，遇价格上涨时，按照新价格执行；价格下降时，按照原价格执行。

c. 履行地点不明确，给付货币的，在接受货币一方所在地履行；交付不动产的，在不动产所在地履行；其他标的，在履行义务一方所在地履行。

d. 履行期限不明确的，债务人可以随时履行，债权人也可以随时要求履行，但应当给对方必要的准备时间。

e. 履行方式不明确的，按照有利于实现合同目的的方式履行。

f. 履行费用的负担不明确的，由履行义务一方承担。

② 合同履行中的第三人。向第三人履行合同或者由第三人代为履行合同，不是合同义务的转移，当事人在合同中的法律地位不变。

a. 向第三人履行合同。当事人约定由债务人向第三人履行债务的，债务人未向第三人履行债务或者履行债务不符合约定，应当向债权人承担违约责任。

b. 由第三人代为履行合同。当事人约定由第三人向债权人履行债务的，第三人不履行债务或者履行债务不符合约定，债务人应当向债权人承担违约责任。

③ 合同履行过程中几种特殊情况的处理：

a. 合同当事人一方发生分立、合并或者变更住所等情况时，有义务及时通知对方当事人。债权人没有通知债务人致使履行债务发生困难的，债务人可以中止履行或者将标的物提存。所谓提存，是指由于债权人的原因致使债务人难以履行债务时，债务人可以将标的物交给有关机关保存，以此消灭合同的行为。

b. 提前履行债务是指债务人在合同规定的履行期限届至之前开始履行自己的合同义务的行为。债权人可以拒绝，但提前履行不损害债权人利益的除外。提前履行债务给债权人增加的费用，由债务人负担。

c. 部分履行债务是指债务人没有按照合同约定履行合同规定的全部义务，而只是履行了部分合同义务的行为。具体权责同上。

④ 合同生效后，合同主体发生变更，但并未使原合同主体发生实质性变化，因而合同的效力也未发生变化。

3.2.4 合同的变更和转让

(1) 合同的变更

广义的合同变更是指合同法律关系的主体和合同内容的变更。狭义的合同变更仅指合同内容的变更，不包括合同主体的变更。

合同主体的变更实质上就是合同的转让。合同内容的变更是指合同成立以后、履行之前或者在合同履行开始之后尚未履行完毕之前，合同当事人对合同内容的修改或者补充。《合同法》所指的合同变更是指合同内容的变更。合同变更可分为协议变更和法定变更。

① 协议变更。当事人协商一致，可以变更合同。当事人对合同变更的内容约定不明确的，推定为未变更。

② 法定变更。在合同成立后，当发生法律规定的可以变更合同的事由时，一方当事人请求对合同内容进行变更而不必征得对方当事人的同意，但这种变更合同的请求须向人民法院或者仲裁机构提出。

(2) 合同的转让

合同转让是指合同一方当事人取得对方当事人同意后，将合同的权利义务全部或者部分转让给第三人的法律行为。合同的转让包括权利（债权）转让、义务（债务）转移和权利义务概括转让三种情形。法律、行政法规规定转让权利或者转移义务应当办理批准、登记等手续的，应办理相应的批准、登记手续。

① 债权人转让权利的应当通知债务人。未经通知，该转让对债务人不发生效力。

② 债务人将合同的义务全部或者部分转移给第三人的，应当经债权人同意。

③ 当事人一方经对方同意，可以将自己在合同中的权利和义务一并转让给第三人。

3.2.5 合同的权利义务终止

(1) 合同的权利义务终止的原因

有下列情形之一的，合同的权利义务终止：①债务已经按照约定履行；②合同解除；③债务互相抵消；④债务人依法将标的物提存；⑤债权人免除债务；⑥债权债务同归于一人；⑦法律规定或者当事人约定终止的其他情形。

(2) 合同解除

合同解除后，尚未履行的，终止履行；已经履行的，根据履行情况和合同性质，当事人可以要求恢复原状、采取其他补救措施，并有权要求赔偿损失。

(3) 标的物的提存

有下列情形之一，难以履行债务的，债务人可以将标的物提存：①债权人无正当理由拒绝受领；②债权人下落不明；③债权人死亡未确定继承人或者丧失民事行为能力未确定监护人；④法律规定的其他情形。

债权人可以随时领取提存物，但债权人对债务人负有到期债务的，在债权人未履行债务或提供担保之前，提存部门根据债务人的要求应当拒绝其领取提存物。

债权人领取提存物的权利期限为 5 年，超过该期限，提存物扣除提存费用后归国家所有。

3.2.6 违约责任

(1) 违约责任及其特点

违约责任是指合同当事人不履行或者不适当履行合同义务所应承担的民事责任。当事人一方明确表示或者以自己的行为表明不履行合同义务的，对方可以在履行期限届满之前要求其承担违约责任。违约责任具有以下特点：

① 以有效合同为前提。

② 以合同当事人不履行或者不适当履行合同义务为要件。

③ 可由合同当事人在法定范围内约定。

④ 是一种民事赔偿责任。

(2) 违约责任的承担

① 违约责任的承担方式：

a. 继续履行。合同当事人一方违约时，其承担违约责任的首选方式。违反非金钱债务时的继续履行。当事人一方不履行非金钱债务或者履行非金钱债务不符合约定的，对方可以要求履行，但有下列情形之一的除外：Ⅰ. 法律上或者事实上不能履行；Ⅱ. 债务的标的不适于强制履行或者履行费用过高；Ⅲ. 债权人在合理期限内未要求履行。

b. 采取补救措施。

c. 赔偿损失。

d. 违约金。约定的违约金低于造成的损失的，当事人可以请求人民法院或者仲裁机构予以增加；约定的违约金过分高于造成的损失的，当事人可以请求人民法院或者仲裁机构予以适当减少。

e. 定金。债务人履行债务后，定金应当抵作价款或者收回。给付定金的一方不履行约定的债务的，无权要求返还定金；收受定金的一方不履行约定的债务的，应当双倍返还定金。

当事人既约定违约金，又约定定金的，一方违约时，对方可以选择适应违约金或者定金条款。

② 违约责任的承担主体

a. 当事人双方都违反合同的，应当各自承担相应的责任。

b. 当事人一方因第三人的原因造成违约的，应当向对方承担违约责任。当事人一方和第三人之间的纠纷，依照法律规定或者依照约定解决。

c. 因当事人一方的违约行为，侵害对方人身、财产权益的，受损害方有权选择依照《合同法》要求其承担违约责任或者依照其他法律要求其承担侵权责任。

3.2.7 合同争议的解决

合同争议的解决方式有和解、调解、仲裁或者诉讼。

(1) 合同争议的和解与调解

和解与调解是解决合同争议的常用和有效方式。当事人可以通过和解或者调解解决合同争议。

① 和解。和解是在没有第三人介入的情况下，合同当事人双方在自愿、互谅的基础上，

就已经发生的争议进行商谈并达成协议，自行解决争议的一种方式。

② 调解。调解是在第三者的主持下，根据事实、法律和合同，经过第三者的说服与劝解，使当事人双方互谅、互让，自愿达成协议，从而公平、合理地解决争议的一种方式。

（2）合同争议的仲裁

仲裁是指发生争议的合同当事人双方根据合同中约定的仲裁条款或者争议发生后由其达成的书面仲裁协议，将合同争议提交给仲裁机构并由仲裁机构按照仲裁法律规范的规定居中裁决，从而解决合同争议的法律制度。

根据《中华人民共和国仲裁法》，对于合同争议的解决，实行"或裁或审制"。即发生争议的合同当事人双方只能在"仲裁"或者"诉讼"两种方式中选择一种方式解决其合同争议。仲裁裁决具有法律约束力。

（3）合同争议的诉讼

诉讼是指合同当事人依法将合同争议提交人民法院受理，由人民法院依司法程序通过调查、做出判决、采取强制措施等来处理争议的法律制度。有下列情形之一的，合同当事人可以选择诉讼方式解决合同争议：

① 合同争议的当事人不愿和解、调解的；

② 经过和解、调解未能解决合同争议的；

③ 当事人没有订立仲裁协议或者仲裁协议无效的；

④ 仲裁裁决被人民法院依法裁定撤销或者不予执行的。

3.3 招标投标法

在中华人民共和国境内进行下列工程建设项目必须进行招标：

① 大型基础设施、公用事业等关系社会公共利益、公众安全的项目；

② 全部或者部分使用国有资金或者国家融资的项目；

③ 使用国际组织或者外国政府贷款、援助资金的项目。

3.3.1 招标

（1）招标的条件

招标项目按照国家有关规定需要履行项目审批手续的，应当先履行审批手续，取得批准。招标人应当有进行招标项目的相应资金或资金来源已经落实，并应当在招标文件中如实载明。

（2）招标方式

招标分为公开招标和邀请招标两种方式。

（3）招标文件

招标文件应当包括招标项目的技术要求、对投标人资格审查的标准、投标报价要求和评标标准等所有实质性要求和条件以及拟签订合同的主要条款。

招标文件不得要求或者标明特定的生产供应者以及含有倾向或者排斥潜在投标人的其他内容。

招标人对已发出的招标文件进行必要的澄清或者修改的，应当在招标文件要求提交投标文件截止时间至少15日前，以书面形式通知所有招标文件收受人。该澄清或者修改的内容为招标文件的组成部分。

(4) 其他规定

依法必须进行招标的项目，自招标文件开始发出之日起至投标人提交投标文件截止之日止，最短不得少于20日。

3.3.2 投标

(1) 投标文件

① 投标文件的内容。根据招标文件载明的项目实际情况，投标人如果准备在中标后将中标项目的部分非主体、非关键工程进行分包的，应当在投标文件中载明。

② 投标文件的送达。投标人应当在招标文件要求提交投标文件的截止时间前，将投标文件送达投标地点。招标人收到投标文件后，应当签收保存，不得开启。投标人少于3个的，招标人应当依照《招标投标法》重新招标。

在招标文件要求提交投标文件的截止时间后送达的投标文件，招标人应当拒收。

(2) 联合投标

两个以上法人或者其他组织可以组成一个联合体，以一个投标人的身份共同投标。由同一专业的单位组成的联合体、按照资质等级较低的单位确定资质等级。

联合体各方应当签订共同投标协议，明确约定各方拟承担的工作和责任，并将共同投标协议连同投标文件一并提交给招标人。联合体中标的，联合体各方应当共同与招标人签订合同，就中标项目向招标人承担连带责任。

(3) 其他规定

投标人不得相互串通投标报价，不得排挤其他投标人的公平竞争，损害招标人或其他投标人的合法权益。投标人不得以低于成本的报价竞标，也不得以他人名义投标或者以其他方式弄虚作假，骗取中标。

3.3.3 开标、评标和中标

(1) 开标

开标应当在招标人的主持下，在招标文件确定的提交投标文件截止时间的同一时间、招标文件中预先确定的地点公开进行。应邀请所有投标人参加开标。开标时，由投标人或者其推选的代表检查投标文件的密封情况，也可以由招标人委托的公证机构检查并公证。经确认无误后，由工作人员当众拆封，宣读投标人名称、投标价格和投标文件的其他主要内容。

(2) 评标

评标由招标人依法组建的评标委员会负责。中标人的投标应当符合下列条件之一：

① 能够最大限度地满足招标文件中规定的各项综合评价标准。

② 能够满足招标文件的实质性要求，并且经评审的投标价格最低。但是，投标价格低

于成本的除外。

评标委员会经评审，认为所有投标都不符合招标文件要求的，可以否决所有投标。

评标委员会完成评标后，应当向招标人提出书面评标报告，并推荐合格的中标候选人。招标人据此确定中标人。招标人也可以授权评标委员会直接确定中标人。

(3) 中标

中标人确定后，招标人应当向中标人发出中标通知书，并同时将中标结果通知所有未中标的投标人。

招标人和中标人应当自中标通知书发出之日起30日内，按照招标文件中标人的投标文件订立书面合同。

3.4 其他相关法律法规

3.4.1 价格法

价格的制定应当符合价值规律，大多数商品和服务价格实行市场调节价，极少数商品和服务价格实行政府指导价或政府定价。

(1) 经营者的价格行为

经营者定价应当遵循公平、合法和诚实信用的原则，定价的基本依据是生产经营成本和市场供求情况。

(2) 政府的定价行为

① 定价目录。中央定价目录由国务院价格主管部门制定、修订，报国务院批准后公布。地方定价目录由省、自治区、直辖市人民政府价格主管部门按照中央定价目录规定的定价权限和具体适用范围制度，经本级人民政府审核同意，报国务院价格主管部门审定后公布。省、自治区、直辖市人民政府以下各级地方人民政府不得制定定价目录。

② 定价权限。国务院价格主管部门和其他有关部门，按照中央定价目录规定的定价权限和具体适用范围制定政府指导价、政府定价；其中重要的商品和服务价格的政府指导价、政府定价，应当按照规定经国务院批准。

③ 定价范围。政府在必要时可以对下列商品和服务价格实行政府指导价或政府定价：a. 与国民经济发展和人民生活关系重大的极少数商品价格；b. 资源稀缺的少数商品价格；c. 自然垄断经营的商品价格；d. 重要的公用事业价格；e. 重要的公益性服务价格。

④ 定价依据。制定政府指导价、政府定价，应当依据有关商品或者服务的社会平均成本和市场供求状况、国民经济与社会发展要求依据社会承受能力，实行合理的购销差价、批零差价、地区差价和季节差价。

(3) 价格总水平调控

政府可以建立重要商品储备制度，设立价格调节基金，调控价格，稳定市场。当重要商品和服务价格显著上涨或者有可能显著上涨时，国务院和省、自治区、直辖市人民政府可以对部分价格采取限定差价率或者利润率、规定限价、实行提价申报制度和调价备案制度等干预措施。

3.4.2 土地管理法

（1）土地的所有权和使用权

① 土地所有权。我国实行土地的社会主义公有制，即全民所有制和劳动群众集体所有制。国家为了公共利益的需要，可以依法对土地实行征收或者征用并给予补偿。

② 土地使用权。国有土地和农民集体所有的土地，可以依法确定给单位或者个人使用。依法改变土地权属和用途的，应当办理土地变更登记手续。

（2）土地利用总体规划

① 土地分类。通过编制土地利用总体规划，规定土地用途，将土地分为农用地、建设用地和未利用地。农用地，是指直接用于农业生产的土地，包括耕地、林地、草地、农田水利用地、养殖水面等。建设用地，是指建造建筑物、构筑物的土地，包括城乡住宅和公共设施用地、工矿用地、交通水利设施用地、旅游用地、军事设施用地等。未利用地，是指农用地和建设用地以外的土地。

② 土地利用规划。土地利用总体规划实行分级审批。经批准的土地利用总体规划的修改，须经原批准机关批准；未经批准，不得改变土地利用总体规划确定的土地用途。

（3）建设用地

① 建设用地的批准。除兴办乡镇企业、村民建设住宅或乡（镇）村公共设施、公益事业建设经依法批准使用农民集体所有的土地外，任何单位和个人进行建设而需要使用土地的，必须依法申请使用国有土地，包括国家所有的土地和国家征收的原属于农民集体所有的土地。

② 征收土地的补偿。征收土地的，应当按照被征收土地的原用途给予补偿。征收耕地的补偿费用包括土地补偿费、安置补助费以及地上附着物和青苗的补偿费。

③ 建设用地的使用。建设单位使用国有土地，应当以出让等有偿使用方式取得；但是，下列建设用地，经县级以上人民政府依法批准，可以划拨方式取得：a. 国家机关用地和军事用地；b. 城市基础设施用地和公益事业用地；c. 国家重点扶持的能源、交通、水利等基础设施用地；d. 法律、行政法规规定的其他用地。

④ 土地的临时使用。在城市规划区内的临时用地，在报批前，应当先经有关城市规划行政主管部门的同意。土地使用者应当根据土地权属，与有关土地行政主管部门或者农村集体经济组织、村民委员会签订临时使用土地合同，并按照合同的约定支付临时使用土地补偿费。

临时使用土地的使用者应当按照临时使用土地合同约定的用途使用土地，并不得修建永久性建筑物。临时使用土地限期一般不超过两年。

⑤ 国有土地使用权的收回。有下列情形之一的，有关政府土地行政主管部门报经原批准用地的人民政府或者有批准权的人民政府批准，可以收回国有土地使用权：为公共利益需要使用土地的；为实施城市规划进行旧城区改建，需要调整使用土地的；土地出让等有偿使用合同约定的使用期限届满，土地使用者未申请续期或申请续期未获批准的；因单位撤销、迁移等原因，停止使用原划拨的国有土地的；公路、铁路、机场、矿场等经核准报废的。其中，属于前两种情形而收回国有土地使用权的，对土地使用权人应当给予适当补偿。

3.4.3 保险法

（1）保险合同的订立

当投标人提出保险要求，经保险人同意承保，并就合同的条款达成协议，保险合同即成立。

① 保险合同的内容。保险合同应当包括下列事项：保险人名称和住所；投保人、被保险人的姓名或者名称、住所，以及人们保险的受益人的姓名或者名称和住所；保险标的；保险责任和责任免除；保险期间和保险责任开始时间；保险金额；保险费以及支付办法；保险金赔偿或者给付办法；违约责任和争议处理；订立合同的年、月、日。

其中，保险金额是指保险人承担赔偿或者给付保险责任的最高限额。

② 保险合同的订立

a. 投保人的告知义务。订立保险合同，保险人就保险标的或者被保险人的有关情况提出询问的，投保人应当如实告知。

投保人故意不履行如实告知义务的，保险人对于合同解除前发生的保险事故，不承担赔偿或者给付保险金的责任，并不退还保险费。

b. 保险人的说明义务。对保险合同中免除保险人责任的条款，保险人订立合同时应当在投保单、保险单或者其他保险凭证上做出足以引起投保人注意的提示，并对该条款的内容以书面或者口头形式向投保人做出明确说明；未做提示或者明确说明的，该条款不产生效力。

（2）诉讼时效

人寿保险以外的其他保险的被保险人或者受益人，向保险人请求赔偿或者给付保障金的诉讼时效期间为 2 年，自其知道或者应当知道保险事故发生之日起计算。

人寿保险的被保险人或者受益人向保险人请求给付保险金的诉讼时效期间为 5 年，自其知道或者应当知道保险事故发生之日起计算。

（3）财产保险合同

财产保险是以财产及其有关利益为保险标的的保险。建筑工程一切险和安装工程一切险均属财产保险。

① 保险费的增加或降低。被保险人未履行通知义务的，因保险标的的危险程度显著增加而发生的保险事故，保险人不承担赔偿保险金的责任。

② 赔偿标准。投保人和保险人约定保险标的的保险价值并在合同中载明的，保险标的发生损失时，以约定的保险价值为赔偿计算标准。投保人和保险人为约定保险标的的保险价值的，保险标的发生损失时，以保险事故发生时保险标的的实际价值为赔偿计算标准。保险金额不得超过保险价值。

（4）人身保险合同

人身保险是以人的寿命和身体为保险标的的保险。建设工程施工人员以外伤害保险即属于人身保险。

① 保险受益人。被保险人或者投保人可以指定一人或者数人为受益人。受益人为数人的，被保险人或者投保人可以确定受益顺序和受益份额；未确定受益份额的，受益人按照相等份额享有受益权。

② 合同的解除。投保人解除合同的，保险人应当自收到解除合同通知之日起30日内，按照合同约定退还保险单的现金价值。

3.4.4 税法相关法律

(1) 税务管理

① 税务登记。从事生产、经营的纳税人自领取营业执照之日起30日内，应持有关证件，向税务机关申报办理税务登记。取得税务登记证件后，在银行或者其他金融机构开始基本存款账户和其他存款账户，并将其全部账号向税务机关报告。

② 账簿管理。纳税人、扣缴义务人应按照有关法律、行政法规和国务院财政、税务主管部门的规定设置账簿，根据合法、有效凭证记账，进行核算。

③ 纳税申报。纳税人必须依照法律、行政法规规定或者税务机关依照法律、行政法规的规定确定的申报期限、申报内容如实办理纳税申报，报送纳税申报表、财务会计报表以及税务机关根据实际需要要求纳税人报送的其他纳税资料。

④ 税款征收。税务机关征收税款时，必须给纳税人开具完税凭证。纳税人因有特殊困难，不能按期缴纳税款的，经省、自治区、直辖市国家税务局、地方税务局批准，可以延期缴纳税款，但是最长不得超过3个月。

(2) 税率

税率是指应纳税额与计税基数之间的比例关系，是税法结构中的核心部分。我国现行税率有三种，即：比例税率、累进税率和定额税率。

① 比例税率，是指对同一征税对象，不论其数额大小，均按照同一比例计算应纳税额的税率。

② 累进税率，是指按照征税对象数额的大小规定不同等级的税率，征税对象数额越大，税率越高。累进税率又分为全额累进税率和超额累进税率。全额累进税率是以征税对象的全额，适用相应等级的税率计征税款。超额累进税率是按征税对象数额超过低一等级的部分，适用高一等级税率计征税款，然后分别相加，得出应纳税款的总额。

③ 定额税率，是指按征税对象的一定计量单位直接规定的固定的税额，因而也称为固定税额。

(3) 税收种类

根据税收征收对象不同，税收可分为流转税、所得税、财产税、行为税、资源税等五种。其中行为税是以特定行为为征税对象的各个税种的统称。行为税主要包括固定资产投资方向调节税、城镇土地使用税、耕地占用税、印花税、屠宰税、筵席税等。征收固定资产投资方向调节税目前已停征。

3.5 《建设工程工程量清单计价规范》(GB 50500—2013)

3.5.1 总则

① 为规范工程造价计价行为，统一建设工程工程量清单的编制和计价方法，根据《中

华人民共和国建筑法》、《中华人民共和国合同法》、《中华人民共和国招标投标法》等法律法规，制定本规范。

② 本规范适用于建设工程施工发承包计价活动。

③ 全部使用国有资金投资或国有资金投资为主（以下二者简称“国有资金投资”）的建设工程施工发承包，必须采用工程量清单计价。

④ 非国有资金投资的工程建设项目，可采用工程量清单计价。

⑤ 不采用工程量清单计价的建设工程，应执行本规范除工程量清单等专门性规定外的其他规定。

⑥ 招标工程量清单、招标控制价、投标报价、工程价款结算等工程造价文件的编制与核对应由具有资格的工程造价专业人员承担。

⑦ 建设工程施工发承包计价活动应遵循客观、公正、公平的原则。

⑧ 建设工程施工发承包计价活动，除应遵守本规范外，尚应符合国家现行有关标准的规定。

3.5.2 术语

(1) 工程量清单

建设工程的分部分项工程项目、措施项目、其他项目、规费项目和税金项目的名称和相应数量等的明细清单。

(2) 招标工程量清单

招标人依据国家标准、招标文件、设计文件以及施工现场实际情况编制的，随招标文件发布供投标报价的工程量清单。

(3) 已标价工程量清单

构成合同文件组成部分的投标文件中已标明价格，经算术性错误修正（如有）且承包人已确认的工程量清单，包括对其的说明和表格。

(4) 综合单价

完成一个规定计量单位的分部分项工程量清单项目或措施清单项目所需的人工费、材料费、施工机械使用费和企业管理费与利润，以及一定范围内的风险费用。

(5) 工程量偏差

承包人按照合同签订时图纸（含经发包人批准由承包人提供的图纸）实施，完成合同工程应予计量的实际工程量与招标工程量清单列出的工程量之间的偏差。

(6) 暂列金额

招标人在工程量清单中暂定并包括在合同价款中的一笔款项。用于施工合同签订时尚未确定或者不可预见的所需材料、设备、服务的采购，施工中可能发生的工程变更、合同约定调整因素出现时的工程价款调整以及发生的索赔、现场签证确认等的费用。

(7) 暂估价

招标人在工程量清单中提供的用于支付必然发生但暂时不能确定的材料的单价以及专业工程的金额。

(8) 计日工

在施工过程中，承包人完成发包人提出的施工图纸以外的零星项目或工作，按合同中约定的综合单价计价的一种方式。

(9) 总承包服务费

总承包人为配合协调发包人进行的工程分包自行采购的设备、材料等进行管理、服务以及施工现场管理、竣工资料汇总整理等服务所需的费用。

(10) 安全文明施工费

承包人按照国家法律、法规等规定，在合同履行中为保证安全施工、文明施工，保护现场内外环境等所采用的措施发生的费用。

(11) 施工索赔

在工程合同履行过程中，合同当事人一方因非己方的原因而遭受损失，按合同约定或法规规定应由对方承担责任，从而向对方提出补偿的要求。

(12) 现场签证

发包人现场代表与承包人现场代表就施工过程中涉及的责任事件所做的签证证明。

(13) 提前竣工（赶工）费

承包人应发包人的要求，采取加快工程进度的措施，使合同工程工期缩短产生的，应由发包人支付的费用。

(14) 误期赔偿费

承包人未按照合同工程的计划进度施工，导致实际工期大于合同工期与发包人批准的延长工期之和，承包人应向发包人赔偿损失发生的费用。

(15) 企业定额

施工企业根据本企业的施工技术和管理水平而编制的人工、材料和施工机械台班等的消耗标准。

(16) 规费

根据省级政府或省级有关权力部门规定必须缴纳的，应计入建筑安装工程造价的费用。

(17) 税金

国家税法规定的应计入建筑安装工程造价内的营业税、城市维护建设税以及教育费附加等。

(18) 发包人

具有工程发包主体资格和支付工程价款能力的当事人以及取得该当事人资格的合法继承人。

(19) 承包人

被发包人接受的具有工程施工承包主体资格的当事人以及取得该当事人资格的合法继承人。

(20) 工程造价咨询人

取得工程造价咨询资质等级证书，接受委托从事建设工程造价咨询活动的当事人以及取得该当事人资格的合法继承人。

（21）招标代理人

取得工程招标代理资质等级证书，接受委托从事建设工程招标代理活动的当事人以及取得该当事人资格的合法继承人。

（22）造价工程师

取得造价工程师注册证书，在一个单位注册从事建设工程造价活动的专业人员。

（23）造价员

取得全国建设工程造价员资格证书，在一个单位注册从事建设工程造价活动的专业人员。

（24）招标控制价

招标人根据国家或省级、行业建设主管部门颁发的有关计价依据和办法，按设计施工图纸计算的，对招标工程限定的最高工程造价。

（25）投标价

投标人投标时报出的工程造价。

（26）签约合同价

发、承包双方在施工合同中约定的，包括了暂列金额、暂估价、计日工的合同总金额。

（27）竣工结算价（合同价格）

发、承包双方依据国家有关法律、法规和标准规定，按照合同约定确定的，包括在履行合同过程中按合同约定进行的工程变更、索赔和价款调整，是承包人按合同约定完成了全部承包工作后，发包人应付给承包人的合同总金额。

3.5.3 一般规定

3.5.3.1 计价方式

（1）建设工程施工发承包造价由分部分项工程费、措施项目费、其他项目费、规费和税金组成。

（2）分部分项工程和措施项目清单应采用综合单价计价。

（3）招标工程量清单标明的工程量是投标人投标报价的共同基础，竣工结算的工程量按发、承包双方在合同中约定应予计量且实际完成的工程量确定。

（4）措施项目清单中的安全文明施工费应按照国家或省级、行业建设主管部门的规定计价，不得作为竞争性费用。

（5）规费和税金应按国家或省级、行业建设主管部门的规定计算，不得作为竞争性费用。

3.5.3.2 计价风险

（1）采用工程量清单计价的工程，应在招标文件或合同中明确计价中的风险内容及其范围（幅度），不得采用无限风险、所有风险或类似语句规定计价中的风险内容及其范围（幅度）。

(2) 下列影响合同价款的因素出现，应由发包人承担：

① 国家法律、法规、规章和政策变化；

② 省级或行业建设主管部门发布的人工费调整。

(3) 由于市场物价波动影响合同价款，应由发承包双方合理分摊并在合同中约定。合同中没有约定，发、承包双方发生争议时，按下列规定实施：

① 材料、工程设备的涨幅超过招标时基准价格5%以上由发包人承担；

② 施工机械使用费涨幅超过招标时的基准价格10%以上由发包人承担。

(4) 由于承包人使用机械设备、施工技术以及组织管理水平等自身原因造成施工费用增加的，应由承包人全部承担。

(5) 不可抗力发生时，影响合同价款的，按3.5.9.11（原规范第9.10条）的规定执行。

3.5.4 招标工程量清单

3.5.4.1 一般规定

(1) 招标工程量清单应由具有编制能力的招标人或受其委托，具有相应资质的工程造价咨询人或招标代理人编制。

(2) 招标工程量清单必须作为招标文件的组成部分，其准确性和完整性由招标人负责。

(3) 招标工程量清单是工程量清单计价的基础，应作为编制招标控制价、投标报价、计算工程量、工程索赔等的依据之一。

(4) 工程量清单应由分部分项工程量清单、措施项目清单、其他项目清单、规费项目清单、税金项目清单组成。

(5) 编制工程量清单应依据：

① 本规范和相关工程的国家计量规范；

② 国家或省级、行业建设主管部门颁发的计价依据和办法；

③ 建设工程设计文件；

④ 与建设工程有关的标准、规范、技术资料；

⑤ 拟定的招标文件；

⑥ 施工现场情况、工程特点及常规施工方案；

⑦ 其他相关资料。

3.5.4.2 分部分项工程

(1) 分部分项工程量清单应载明项目编码、项目名称、项目特征、计量单位和工程量。

(2) 分部分项工程量清单应根据相关工程现行国家计量规范规定的项目编码、项目名称、项目特征、计量单位和工程量计算规则进行编制。

3.5.4.3 措施项目

(1) 措施项目清单应根据相关工程现行国家计量规范的规定编制。

(2) 措施项目清单应根据拟建工程的实际情况列项。

3.5.4.4 其他项目

(1) 其他项目清单应按照下列内容列项：

① 暂列金额；

② 暂估价（包括材料暂估单价、工程设备暂估单价、专业工程暂估价）；

③ 计日工；

④ 总承包服务费。

(2) 暂列金额应根据工程特点，按有关计价规定估算。

(3) 暂估价中的材料、工程设备暂估价应根据工程造价信息或参照市场价格估算；专业工程暂估价应分不同专业，按有关计价规定估算。

(4) 计日工应列出项目和数量。

(5) 出现 3.5.4.4 (1)（原规范第 4.4.1 条）未列的项目，应根据工程实际情况补充。

3.5.4.5 规费

(1) 规费项目清单应按照下列内容列项：

① 社会保障费（包括养老保险费、失业保险费、医疗保险费、工伤保险费、生育保险费）；

② 住房公积金；

③ 工程排污费。

(2) 出现 3.5.4.5 (1)（原规范第 4.5.1 条）未列的项目，应根据省级政府或省级有关权力部门的规定列项。

3.5.4.6 税金

(1) 税金项目清单应包括下列内容：

① 营业税；

② 城市维护建设税；

③ 教育费附加；

④ 地方教育附加。

(2) 出现 3.5.4.6 (1)（原规范 4.6.1 条）未列的项目，应根据税务部门的规定列项。

3.5.5 招标控制价

3.5.5.1 一般规定

(1) 国有资金投资的工程建设项目应实行工程量清单招标，招标人应编制招标控制价。

(2) 招标控制价超过批准的概算时，招标人应将其报原概算审批部门审核。

(3) 投标人的投标报价高于招标控制价的，其投标应予以拒绝。

(4) 招标控制价应由具有编制能力的招标人或受其委托具有相应资质的工程造价咨询人编制和复核。

(5) 招标控制价应在招标时公布，不应上调或下浮，招标人应将招标控制价及有关资料报送工程所在地工程造价管理机构备查。

3.5.5.2 编制与复核

(1) 招标控制价应根据下列依据编制与复核：

① 本规范。

② 国家或省级、行业建设主管部门颁发的计价定额和计价办法。

③ 建设工程设计文件及相关资料。

④ 拟定的招标文件及招标工程量清单。

⑤ 与建设项目相关的标准、规范、技术资料。

⑥ 施工现场情况、工程特点及常规施工方案。

⑦ 工程造价管理机构发布的工程造价信息；工程造价信息没有发布的，参照市场价。

⑧ 其他的相关资料。

(2) 分部分项工程费应根据拟定的招标文件中的分部分项工程量清单项目的特征描述及有关要求计价，并应符合下列规定：

① 综合单价中应包括拟定的招标文件中要求投标人承担的风险费用。拟定的招标文件没有明确的，应提请招标人明确。

② 拟定的招标文件提供了暂估单价的材料和工程设备，按暂估的单价计入综合单价。

(3) 措施项目费应根据拟定的招标文件中的措施项目清单按原规范第 3.1.2 和 3.1.4 条的规定计价。

(4) 其他项目费应按下列规定计价：

① 暂列金额应按招标工程量清单中列出的金额填写；

② 暂估价中的材料、工程设备单价应按招标工程量清单中列出的单价计入综合单价；

③ 暂估价中的专业工程金额应按招标工程量清单中列出的金额填写；

④ 计日工应按招标工程量清单中列出的项目根据工程特点和有关计价依据确定综合单价计算；

⑤ 总承包服务费应根据招标工程量清单列出的内容和要求估算。

(5) 规费和税金应按 3.5.3.1 (5)（原规范第 3.1.6 条）的规定计算。

3.5.5.3 投诉与处理

(1) 投标人经复核认为招标人公布的招标控制价未按照本规范的规定进行编制的，应当在招标控制价公布后 5 天内向招投标监督机构和工程造价管理机构投诉。

(2) 投诉人投诉时，应当提交书面投诉书，包括以下内容：

① 投诉人与被投诉人的名称、地址及有效联系方式；

② 投诉的招标工程名称、具体事项及理由；

③ 相关请求和主张及证明材料。

投诉书必须由单位盖章和法定代表人或其委托人的签名或盖章。

(3) 投诉人不得进行虚假、恶意投诉，阻碍投标活动的正常进行。

(4) 工程造价管理机构在接到投诉书后应在二个工作日内进行审查，对有下列情况之一的，不予受理：

① 投诉人不是所投诉招标工程的投标人；

② 投诉书提交的时间不符合原规范第 5.3.1 条规定的；

③ 投诉书不符合原规范第 5.3.2 条规定的。

(5) 工程造价管理机构决定受理投诉后，应在不迟于次日将受理情况书面通知投诉人、被投诉人以及负责该工程招投标监督的招投标管理机构。

(6) 工程造价管理机构受理投诉后，应立即对招标控制价进行复查，组织投诉人、被投诉人或其委托的招标控制价编制人等单位人员对投诉问题逐一核对。有关当事人应当予以配合，并保证所提供资料的真实性。

(7) 工程造价管理机构应当在受理投诉的十天内完成复查（特殊情况下可适当延长），并做出书面结论通知投诉人、被投诉人及负责该工程招投标监督的招投标管理机构。

(8) 当招标控制价复查结论与原公布的招标控制价误差＞±3%的，应当责成招标人改正。

(9) 招标人根据招标控制价复查结论，需要修改公布的招标控制价的，且最终招标控制价的发布时间至投标截止时间不足十五天的，应当延长投标文件的截止时间。

3.5.6 投标报价

3.5.6.1 一般规定

(1) 投标价应由投标人或受其委托具有相应资质的工程造价咨询人编制。

(2) 除本规范强制性规定外，投标人应依据招标文件及其招标工程量清单自主确定报价成本。

(3) 投标报价不得低于工程成本。

(4) 投标人应按招标工程量清单填报价格。项目编码、项目名称、项目特征、计量单位、工程量必须与招标工程量清单一致。

(5) 投标人可根据工程实际情况结合施工组织设计，对招标人所列的措施项目进行增补。

3.5.6.2 编制与复核

(1) 投标报价应根据下列依据编制和复核：

① 本规范；

② 国家或省级、行业建设主管部门颁发的计价办法；

③ 企业定额，国家或省级、行业建设主管部门颁发的计价定额；

④ 招标文件、工程量清单及其补充通知、答疑纪要；

⑤ 建设工程设计文件及相关资料；

⑥ 施工现场情况、工程特点及拟定的投标施工组织设计或施工方案；

⑦ 与建设项目相关的标准、规范等技术资料；

⑧ 市场价格信息或工程造价管理机构发布的工程造价信息；

⑨ 其他的相关资料。

(2) 分部分项工程费应依据招标文件及其招标工程量清单中分部分项工程量清单项目的特征描述确定综合单价计算，并应符合下列规定：

① 综合单价中应考虑招标文件中要求投标人承担的风险费用。

② 招标工程量清单中提供了暂估单价的材料和工程设备，按暂估的单价计入综合单价。

(3) 措施项目费应根据招标文件中的措施项目清单及投标时拟定的施工组织设计或施工方案按3.5.3.1（2）（原规范第3.1.4条）的规定自主确定。其中安全文明施工费应按照3.5.3.1（4）（原规范第3.1.5条）的规定确定。

(4) 其他项目费应按下列规定报价：

① 暂列金额应按招标工程量清单中列出的金额填写；

② 材料、工程设备暂估价应按招标工程量清单中列出的单价计入综合单价；

③ 专业工程暂估价应按招标工程量清单中列出的金额填写；

④ 计日工应按招标工程量清单中列出的项目和数量，自主确定综合单价并计算计日工总额；

⑤ 总承包服务费应根据招标工程量清单中列出的内容和提出的要求自主确定。

(5) 规费和税金应按 3.5.3.1 (5)（原规范第 3.1.6 条）的规定确定。

(6) 招标工程量清单与计价表中列明的所有需要填写的单价和合价的项目，投标人均应填写且只允许有一个报价。未填写单价和合价的项目，视为此项费用已包含在已标价工程量清单中其他项目的单价和合价之中。竣工结算时，此项目不得重新组价予以调整。

(7) 投标总价应当与分部分项工程费、措施项目费、其他项目费和规费、税金的合计金额一致。

3.5.7 合同价款约定

3.5.7.1 一般规定

(1) 实行招标的工程合同价款应在中标通知书发出之日起 30 日内，由发承包双方依据招标文件和中标人的投标文件在书面合同中约定。

合同约定不得违背招、投标文件中关于工期、造价、质量等方面的实质性内容。招标文件与中标人投标文件不一致的地方，以投标文件为准。

(2) 不实行招标的工程合同价款，在发、承包双方认可的工程价款基础上，由发承包双方在合同中约定。

(3) 实行工程量清单计价的工程，应当采用单价合同。合同工期较短、建设规模较小，技术难度较低，且施工图设计已审查完备的建设工程可以采用总价合同；紧急抢险、救灾以及施工技术特别复杂的建设工程可以采用成本加酬金合同。

3.5.7.2 约定内容

(1) 发承包双方应在合同条款中对下列事项进行约定：

① 预付工程款的数额、支付时间及抵扣方式；

② 安全文明施工措施的支付计划，使用要求等；

③ 工程计量与支付工程进度款的方式、数额及时间；

④ 工程价款的调整因素、方法、程序、支付及时间；

⑤ 施工索赔与现场签证的程序、金额确认与支付时间；

⑥ 承担计价风险的内容、范围以及超出约定内容、范围的调整办法；

⑦ 工程竣工价款结算编制与核对、支付及时间；

⑧ 工程质量保证（保修）金的数额、预扣方式及时间；

⑨ 违约责任以及发生工程价款争议的解决方法及时间；

⑩ 与履行合同、支付价款有关的其他事项等。

(2) 合同中没有按照 3.5.7.2 (1)（原规范第 7.2.1 条）的要求约定或约定不明的，若发承包双方在合同履行中发生争议由双方协商确定；协商不能达成一致的，按本规范的规定执行。

3.5.8 工程计量

3.5.8.1 一般规定

(1) 工程量应当按照相关工程的现行国家计量规范规定的工程量计算规则计算。

（2）工程计量可选择按月或按工程形象进度分段计量，具体计量周期在合同中约定。

（3）因承包人原因造成的超范围施工或返工的工程量，发包人不予计量。

3.5.8.2 单价合同的计量

（1）工程计量时，若发现招标工程量清单中出现缺项、工程量偏差，或因工程变更引起工程量的增减，应按承包人在履行合同过程中实际完成的工程量计算。

（2）承包人应当按照合同约定的计量周期和时间，向发包人提交当期已完工程量报告。发包人应在收到报告后7天内核实，并将核实计量结果通知承包人。发包人未在约定时间内进行核实的，则承包人提交的计量报告中所列的工程量视为承包人实际完成的工程量。

（3）发包人认为需要进行现场计量核实时，应在计量前24小时通知承包人，承包人应为计量提供便利条件并派人参加。双方均同意核实结果时，则双方应在上述记录上签字确认。承包人收到通知后不派人参加计量，视为认可发包人的计量核实结果。发包人不按照约定时间通知承包人，致使承包人未能派人参加计量，计量核实结果无效。

（4）如承包人认为发包人的计量结果有误，应在收到计量结果通知后的7天内向发包人提出书面意见，并附上其认为正确的计量结果和详细的计算资料。发包人收到书面意见后，应对承包人的计量结果进行复核后通知承包人。承包人对复核计量结果仍有异议的，按照合同约定的争议解决办法处理。

（5）承包人完成已标价工程量清单中每个项目的工程量后，发包人应要求承包人派员共同对每个项目的历次计量报表进行汇总，以核实最终结算工程量。发承包双方应在汇总表上签字确认。

3.5.8.3 总价合同的计量

（1）总价合同项目的计量和支付应以总价为基础，发承包双方应在合同中约定工程计量的形象目标或时间节点。承包人实际完成的工程量，是进行工程目标管理和控制进度支付的依据。

（2）承包人应在合同约定的每个计量周期内，对已完成的工程进行计量，并向发包人提交达到工程形象目标完成的工程量和有关计量资料的报告。

（3）发包人应在收到报告后7天内对承包人提交的上述资料进行复核，以确定实际完成的工程量和工程形象目标。对其有异议的，应通知承包人进行共同复核。

（4）除按照发包人工程变更规定引起的工程量增减外，总价合同各项目的工程量是承包人用于结算的最终工程量。

3.5.9 合同价款调整

3.5.9.1 一般规定

（1）以下事项（但不限于）发生，发承包双方应当按照合同约定调整合同价款：

① 法律法规变化；

② 工程变更；

③ 项目特征描述不符；

④ 工程量清单缺项；

⑤ 工程量偏差；

⑥ 物价变化；

⑦ 暂估价；

⑧ 计日工；

⑨ 现场签证；

⑩ 不可抗力；

⑪ 提前竣工（赶工补偿）；

⑫ 误期赔偿；

⑬ 施工索赔；

⑭ 暂列金额；

⑮ 发承包双方约定的其他调整事项。

(2) 出现合同价款调增事项（不含工程量偏差、计日工、现场签证、施工索赔）后的14天内，承包人应向发包人提交合同价款调增报告并附上相关资料，若承包人在14天内未提交合同价款调增报告的，视为承包人对该事项不存在调整价款。

(3) 发包人应在收到承包人合同价款调增报告及相关资料之日起14天内对其核实，予以确认的应书面通知承包人。如有疑问，应向承包人提出协商意见。发包人在收到合同价款调增报告之日起14天内未确认也未提出协商意见的，视为承包人提交的合同价款调增报告已被发包人认可。发包人提出协商意见的，承包人应在收到协商意见后的14天内对其核实，予以确认的应书面通知发包人。如承包人在收到发包人的协商意见后14天内既不确认也未提出不同意见的，视为发包人提出的意见已被承包人认可。

(4) 如发包人与承包人对不同意见不能达成一致的，只要不实质影响发承包双方履约的，双方应实施该结果，直到其按照合同争议的解决被改变为止。

(5) 出现合同价款调减事项（不含工程量偏差、施工索赔）后的14天内，发包人应向承包人提交合同价款调减报告并附相关资料，若发包人在14天内未提交合同价款调减报告的，视为发包人对该事项不存在调整价款。

(6) 经发承包双方确认调整的合同价款，作为追加（减）合同价款，与工程进度款或结算款同期支付。

3.5.9.2 法律法规变化

(1) 招标工程以投标截止日前28天，非招标工程以合同签订前28天为基准日，其后国家的法律、法规、规章和政策发生变化引起工程造价增减变化的，发承包双方应当按照省级或行业建设主管部门或其授权的工程造价管理机构据此发布的规定调整合同价款。

(2) 因承包人原因导致工期延误，且以上的调整时间在合同工程原定竣工时间之后，不予调整合同价款。

3.5.9.3 工程变更

(1) 工程变更引起已标价工程量清单项目或其工程数量发生变化，应按照下列规定调整：

① 已标价工程量清单中有适用于变更工程项目的，采用该项目的单价；但当工程变更导致该清单项目的工程数量发生变化，且工程量偏差超过15%，此时，该项目单价的调整应按照3.5.9.6（2）（原规范第9.6.2条）的规定调整。

② 已标价工程量清单中没有适用、但有类似于变更工程项目的，可在合理范围内参照

类似项目的单价。

③ 已标价工程量清单中没有适用也没有类似于变更工程项目的，由承包人根据变更工程资料、计量规则和计价办法、工程造价管理机构发布的信息价格和承包人报价浮动率提出变更工程项目的单价，报发包人确认后调整。承包人报价浮动率可按下列公式计算：

招标工程：承包人报价浮动率 $L=(1-中标价/招标控制价)\times 100\%$；

非招标工程：承包人报价浮动率 $L=(1-报价值/施工图预算)\times 100\%$

④ 已标价工程量清单中没有适用也没有类似于变更工程项目，且工程造价管理机构发布的信息价格缺价的，由承包人根据变更工程资料、计量规则、计价办法和通过市场调查等取得有合法依据的市场价格提出变更工程项目的单价，报发包人确认后调整。

(2) 工程变更引起施工方案改变，并使措施项目发生变化的，承包人提出调整措施项目费的，应事先将拟实施的方案提交发包人确认，并详细说明与原方案措施项目相比的变化情况。拟实施的方案经发承包双方确认后执行。该情况下，应按照下列规定调整措施项目费：

① 安全文明施工费，按照实际发生变化的措施项目调整。

② 采用单价计算的措施项目费，按照实际发生变化的措施项目按 3.5.9.3（1）的规定确定单价。

③ 按总价（或系数）计算的措施项目费，按照实际发生变化的措施项目调整，但应考虑承包人报价浮动因素，即调整金额按照实际调整金额乘以 3.5.9.3（1）（原规范第 9.3.1 条）规定的承包人报价浮动率计算。

如果承包人未事先将拟实施的方案提交给发包人确认，则视为工程变更不引起措施项目费的调整或承包人放弃调整措施项目费的权利。

(3) 如果工程变更项目出现承包人在工程量清单中填报的综合单价与发包人招标控制价或施工图预算相应清单项目的综合单价偏差超过 15%，则工程变更项目的综合单价可由发承包双方按照下列规定调整：

① 当 $P_0<P_1\times(1-L)\times(1-15\%)$ 时，该类项目的综合单价按照 $P_1\times(1-L)\times(1-15\%)$ 调整。

② 当 $P_0>P_1\times(1+15\%)$ 时，该类项目的综合单价按照 $P_1\times(1+15\%)$ 调整。

式中 P_0——承包人在工程量清单中填报的综合单价；

P_1——发包人招标控制价或施工预算相应清单项目的综合单价；

L——3.5.9.3（1）定义的承包人报价浮动率。

(4) 如果发包人提出的工程变更，因为非承包人原因删减了合同中的某项原定工作或工程，致使承包人发生的费用或（和）得到的收益不能被包括在其他已支付或应支付的项目中，也未被包含在任何替代的工作或工程中，则承包人有权提出并得到合理的利润补偿。

3.5.9.4 项目特征描述不符

(1) 承包人在招标工程量清单中对项目特征的描述，应被认为是准确的和全面的，并且与实际施工要求相符合。承包人应按照发包人提供的工程量清单，根据其项目特征描述的内容及有关要求实施合同工程，直到其被改变为止。

(2) 合同履行期间，出现实际施工设计图纸（含设计变更）与招标工程量清单任一项目的特征描述不符，且该变化引起该项目的工程造价增减变化的，应按照实际施工的项目特征重新确定相应工程量清单项目的综合单价，计算调整的合同价款。

3.5.9.5 工程量清单缺项

（1）合同履行期间，出现招标工程量清单项目缺项的，发承包双方应调整合同价款。

（2）招标工程量清单中出现缺项，造成新增工程量清单项目的，应按照 3.5.9.3（1）（原规范第 9.3.1 条）规定确定单价，调整分部分项工程费。

（3）由于招标工程量清单中分部分项工程出现缺项，引起措施项目发生变化的，应按照 3.5.9.3（2）（原规范第 9.3.2 条）的规定，在承包人提交的实施方案被发包人批准后，计算调整的措施费用。

3.5.9.6 工程量偏差

（1）合同履行期间，出现工程量偏差，且符合 3.5.9.6（2）和（3）（原规范第 9.6.2、9.6.3 条）规定的，发承包双方应调整合同价款。出现 3.5.9.3（3）（原规范第 9.3.3 条）情形的，应先按照其规定调整，再按照本条规定调整。

（2）对于任一招标工程量清单项目，如果因本条规定的工程量偏差和 3.5.9.3 规定的工程变更等原因导致工程量偏差超过 15%，调整的原则为：当工程量增加 15%以上时，其增加部分的工程量的综合单价应予调低；当工程量减少 15%以上时，减少后剩余部分的工程量的综合单价应予调高。此时，按下列公式调整结算分部分项工程费：

① 当 $Q_1>1.15Q_0$ 时，$S=1.15Q_0\times P_0+(Q_1-1.15Q_0)\times P_1$

② 当 $Q_1<0.85Q_0$ 时，$S=Q_1\times P_1$

式中 S——调整后的某一分部分项工程费结算价；

Q_1——最终完成的工程量；

Q_0——招标工程量清单中列出的工程量；

P_1——按照最终完成工程量重新调整后的综合单价；

P_0——承包人在工程量清单中填报的综合单价。

（3）如果工程量出现 3.5.9.6（2）（原规范第 9.6.2 条）的变化，且该变化引起相关措施项目相应发生变化，如按系数或单一总价方式计价的，工程量增加的措施项目费调增，工程量减少的措施项目费适当调减。

3.5.9.7 物价变化

（1）合同履行期间，因人工、材料、工程设备、机械台班价格波动影响合同价款时，应根据合同约定，按原规范附录 A 的方法之一调整合同价款。

（2）承包人采购材料和工程设备的，应在合同中约定主要材料、工程设备价格变化的范围或幅度；当没有约定，且材料、工程设备单价变化超过 5%时，超过部分的价格应按照原规范附录 A 的方法计算调整材料、工程设备费。

（3）发生合同工程工期延误的，应按照下列规定确定合同履行期的价格调整：

① 因非承包人原因导致工期延误的，计划进度日期后续工程的价格，应采用计划进度日期与实际进度日期两者的较高者。

② 因承包人原因导致工期延误的，计划进度日期后续工程的价格，应采用计划进度日期与实际进度日期两者的较低者。

（4）发包人供应材料和工程设备的，不适用 3.5.9.7（1）和（2）（原规范第 9.8.1 条、第 9.8.2 条）规定，应由发包人按照实际变化调整，列入合同工程的工程造价内。

3.5.9.8 暂估价

(1) 发包人在招标工程量清单中给定暂估价的材料、工程设备属于依法必须招标的，由发承包双方以招标的方式选择供应商。中标价格与招标工程量清单中所列的暂估价的差额以及相应的规费、税金等费用，应列入合同价格。

(2) 发包人在招标工程量清单中给定暂估价的材料和工程设备不属于依法必须招标的，由承包人按照合同约定采购。经发包人确认的材料和工程设备价格与招标工程量清单中所列的暂估价的差额以及相应的规费、税金等费用，应列入合同价格。

(3) 发包人在工程量清单中给定暂估价的专业工程不属于依法必须招标的，应按照 3.5.9.3 条（原规范第 9.3 节）相应条款的规定确定专业工程价款。经确认的专业工程价款与招标工程量清单中所列的暂估价的差额以及相应的规费、税金等费用，应列入合同价格。

(4) 发包人在招标工程量清单中给定暂估价的专业工程，依法必须招标的，应当由发承包双方依法组织招标选择专业分包人，并接受有管辖权的建设工程招标投标管理机构的监督。

除合同另有约定外，承包人不参与投标的专业工程分包招标，应由承包人作为招标人，但招标文件评标工作、评标结果应报送发包人批准。与组织招标工作有关的费用应当被认为已经包括在承包人的签约合同价（投标总报价）中。

承包人参加投标的专业工程分包招标，应由发包人作为招标人，与组织招标工作有关的费用由发包人承担。同等条件下，应优先选择承包人中标。

(5) 专业工程分包中标价格与招标工程量清单中所列的暂估价的差额以及相应的规费、税金等费用，应列入合同价格。

3.5.9.9 计日工

(1) 发包人通知承包人以计日工方式实施的零星工作，承包人应予执行。

(2) 采用计日工计价的任何一项变更工作，承包人应在该项变更的实施过程中，每天提交以下报表和有关凭证送发包人复核：

① 工作名称、内容和数量；

② 投入该工作所有人员的姓名、工种、级别和耗用工时；

③ 投入该工作的材料名称、类别和数量；

④ 投入该工作的施工设备型号、台数和耗用台时；

⑤ 发包人要求提交的其他资料和凭证。

(3) 任一计日工项目持续进行时，承包人应在该项工作实施结束后的 24 小时内，向发包人提交有计日工记录汇总的现场签证报告一式三份。发包人在收到承包人提交现场签证报告后的 2 天内予以确认并将其中一份返还给承包人，作为计日工计价和支付的依据。发包人逾期未确认也未提出修改意见的，视为承包人提交的现场签证报告已被发包人认可。

(4) 任一计日工项目实施结束。发包人应按照确认的计日工现场签证报告核实该类项目的工程数量，并根据核实的工程数量和承包人已标价工程量清单中的计日工单价计算，提出应付价款；已标价工程量清单中没有该类计日工单价的，由发承包双方按 3.5.9.3 条（原规范第 9.3 节）的规定商定计日工单价计算。

(5) 每个支付期末，承包人应按照 3.5.10.4 条（原规范第 10.3 节）的规定向发包人提交本期间所有计日工记录的签证汇总表，以说明本期间自己认为有权得到的计日工价款，列入进度款支付。

3.5.9.10 现场签证

（1）承包人应发包人要求完成合同以外的零星项目、非承包人责任事件等工作的，发包人应及时以书面形式向承包人发出指令，提供所需的相关资料；承包人在收到指令后，应及时向发包人提出现场签证要求。

（2）承包人应在收到发包人指令后的7天内，向发包人提交现场签证报告，报告中应写明所需的人工、材料和施工机械台班的消耗量等内容。发包人应在收到现场签证报告后的48小时内对报告内容进行核实，予以确认或提出修改意见。发包人在收到承包人现场签证报告后的48小时内未确认也未提出修改意见的，视为承包人提交的现场签证报告已被发包人认可。

（3）现场签证的工作如已有相应的计日工单价，则现场签证中应列明完成该类项目所需的人工、材料、工程设备和施工机械台班的数量。

如现场签证的工作没有相应的计日工单价，应在现场签证报告中列明完成该签证工作所需的人工、材料设备和施工机械台班的数量及其单价。

（4）合同工程发生现场签证事项，未经发包人签证确认，承包人便擅自施工的，除非征得发包人同意，否则发生的费用由承包人承担。

（5）现场签证工作完成后的7天内，承包人应按照现场签证内容计算价款，报送发包人确认后，作为追加合同价款，与工程进度款同期支付。

3.5.9.11 不可抗力

因不可抗力事件导致的费用，发、承包双方应按以下原则分别承担并调整工程价款。

① 工程本身的损害、因工程损害导致第三方人员伤亡和财产损失以及运至施工场地用于施工的材料和待安装的设备的损害，由发包人承担；

② 发包人、承包人人员伤亡由其所在单位负责，并承担相应费用；

③ 承包人的施工机械设备损坏及停工损失，由承包人承担；

④ 停工期间，承包人应发包人要求留在施工场地的必要的管理人员及保卫人员的费用由发包人承担；

⑤ 工程所需清理、修复费用，由发包人承担。

3.5.9.12 提前竣工（赶工补偿）

（1）发包人要求承包人提前竣工，应征得承包人同意后与承包人商定采取加快工程进度的措施，并修订合同工程进度计划。

（2）合同工程提前竣工，发包人应承担承包人由此增加的费用，并按照合同约定向承包人支付提前竣工（赶工补偿）费。

（3）发承包双方应在合同中约定提前竣工每日历天应补偿额度。除合同另有约定外，提前竣工补偿的最高限额为合同价款的5%。此项费用列入竣工结算文件中，与结算款一并支付。

3.5.9.13 误期赔偿

（1）如果承包人未按照合同约定施工，导致实际进度迟于计划进度的，发包人应要求承包人加快进度，实现合同工期。

合同工程发生误期，承包人应赔偿发包人由此造成的损失，并按照合同约定向发包人支付误期赔偿费。即使承包人支付误期赔偿费，也不能免除承包人按照合同约定应承担的任何责任和应履行的任何义务。

(2) 发承包双方应在合同中约定误期赔偿费，明确每日历天应赔额度。除合同另有约定外，误期赔偿费的最高限额为合同价款的5%。误期赔偿费列入竣工结算文件中，在结算款中扣除。

(3) 如果在工程竣工之前，合同工程内的某单位工程已通过了竣工验收，且该单位工程接收证书中表明的竣工日期并未延误，而是合同工程的其他部分产生了工期延误，则误期赔偿费应按照已颁发工程接收证书的单位工程造价占合同价款的比例幅度予以扣减。

3.5.9.14 施工索赔

(1) 合同一方向另一方提出索赔时，应有正当的索赔理由和有效证据，并应符合合同的相关约定。

(2) 根据合同约定，承包人认为非承包人原因发生的事件造成了承包人的损失，应按以下程序向发包人提出索赔：

① 承包人应在索赔事件发生后28天内，向发包人提交索赔意向通知书，说明发生索赔事件的事由。承包人逾期未发出索赔意向通知书的，丧失索赔的权利。

② 承包人应在发出索赔意向通知书后28天内，向发包人正式提交索赔通知书。索赔通知书应详细说明索赔理由和要求，并附必要的记录和证明材料。

③ 索赔事件具有连续影响的，承包人应继续提交延续索赔通知，说明连续影响的实际情况和记录。

④ 在索赔事件影响结束后的28天内，承包人应向发包人提交最终索赔通知书，说明最终索赔要求，并附必要的记录和证明材料。

(3) 承包人索赔应按下列程序处理：

① 发包人收到承包人的索赔通知书后，应及时查验承包人的记录和证明材料；

② 发包人应在收到索赔通知书或有关索赔的进一步证明材料后的28天内，将索赔处理结果答复承包人，如果发包人逾期未做出答复，视为承包人索赔要求已经发包人认可；

③ 承包人接受索赔处理结果的，索赔款项在当期进度款中进行支付；承包人不接受索赔处理结果的，按合同约定的争议解决方式办理。

(4) 承包人要求赔偿时，可以选择以下一项或几项方式获得赔偿：

① 延长工期；

② 要求发包人支付实际发生的额外费用；

③ 要求发包人支付合理的预期利润；

④ 要求发包人按合同的约定支付违约金。

(5) 若承包人的费用索赔与工期索赔要求相关联时，发包人在做出费用索赔的批准决定时，应结合工程延期，综合做出费用赔偿和工程延期的决定。

(6) 发承包双方在按合同约定办理了竣工结算后，应被认为承包人已无权再提出竣工结算前所发生的任何索赔。承包人在提交的最终结清申请中，只限于提出竣工结算后的索赔，提出索赔的期限自发承包双方最终结清时终止。

(7) 根据合同约定，发包人认为由于承包人的原因造成发包人的损失，应参照承包人索赔的程序进行索赔。

(8) 发包人要求赔偿时，可以选择以下一项或几项方式获得赔偿：

① 延长质量缺陷修复期限；

② 要求承包人支付实际发生的额外费用；

③ 要求承包人按合同的约定支付违约金。

(9) 承包人应付给发包人的索赔金额可从拟支付给承包人的合同价款中扣除，或由承包人以其他方式支付给发包人。

3.5.9.15 暂列金额

(1) 已签约合同价中的暂列金额由发包人掌握使用。

(2) 发包人按照3.5.9.1～3.5.9.14（原规范第9.1～9.14节）的规定所做支付后，暂列金额如有余额归发包人。

3.5.10 合同价款中期支付

3.5.10.1 预付款

(1) 预付款用于承包人为合同工程施工购置材料、工程设备，购置或租赁施工设备、修建临时设施以及组织施工队伍进场等所需的款项。

预付款的支付比例不宜高于合同价款的30%。承包人对预付款必须专用于合同工程。

(2) 承包人应在签订合同或向发包人提供与预付款等额的预付款保函（如有）后向发包人提交预付款支付申请。

发包人应对在收到支付申请的7天内进行核实后向承包人发出预付款支付证书，并在签发支付证书后的7天内向承包人支付预付款。

(3) 发包人没有按时支付预付款的，承包人可催告发包人支付；发包人在付款期满后的7天内仍未支付的，承包人可在付款期满后的第8天起暂停施工。发包人应承担由此增加的费用和（或）延误的工期，并向承包人支付合理利润。

(4) 预付款应从每支付期应支付给承包人的工程进度款中扣回，直到扣回的金额达到合同约定的预付款金额为止。

(5) 承包人的预付款保函（如有）的担保金额根据预付款扣回的数额相应递减，但在预付款全部扣回之前一直保持有效。发包人应在预付款扣完后的14天内将预付款保函退还给承包人。

3.5.10.2 安全文明施工费

(1) 安全文明施工费的内容和范围，应以国家和工程所在地省级建设行政主管部门的规定为准。

(2) 发包人应在工程开工后的28天内预付不低于当年的安全文明施工费总额的50%，其余部分与进度款同期支付。

(3) 发包人没有按时支付安全文明施工费的，承包人可催告发包人支付；发包人在付款期满后的7天内仍未支付的，若发生安全事故的，发包人应承担连带责任。

(4) 承包人应对安全文明施工费专款专用，在财务账目中单独列项备查，不得挪作他用，否则发包人有权要求其限期改正；逾期未改正的，造成的损失和（或）延误的工期由承包人承担。

3.5.10.3 总承包服务费

(1) 发包人应在工程开工后的 28 天内向承包人预付总承包服务费的 20%，分包进场后，其余部分与进度款同期支付。

(2) 发包人未给合同约定向承包人支付总承包服务费，承包人可不履行总包服务义务，由此造成的损失（如有）由发包人承担。

3.5.10.4 进度款

(1) 进度款支付周期，应与合同约定的工程计量周期一致。

(2) 承包人应在每个计量周期到期后的 7 天内向发包人提交已完工程进度款支付申请一式四份，详细说明此周期自己认为有权得到的款额，包括分包人已完工程的价款。支付申请的内容包括：

① 累计已完成工程的工程价款；

② 累计已实际支付的工程价款；

③ 本期间完成的工程价款；

④ 本期间已完成的计日工价款；

⑤ 应支付的调整工程价款；

⑥ 本期间应扣回的预付款；

⑦ 本期间应支付的安全文明施工费；

⑧ 本期间应支付的总承包服务费；

⑨ 本期间应扣留的质量保证金；

⑩ 本期间应支付的、应扣除的索赔金额；

⑪ 本期间应支付或扣留（扣回）的其他款项；

⑫ 本期间实际应支付的工程价款。

(3) 发包人应在收到承包人进度款支付申请后的 14 天内根据计量结果和合同约定对申请内容予以核实。确认后向承包人出具进度款支付证书。

(4) 发包人应在签发进度款支付证书后的 14 天内，按照支付证书列明的金额向承包人支付进度款。

(5) 若发包人逾期未签发进度款支付证书，则视为承包人提交的进度款支付申请已被发包人认可，承包人可向发包人发出催告付款的通知。发包人应在收到通知后的 14 天内，按照承包人支付申请阐明的金额向承包人支付进度款。

(6) 发包人未按照 3.5.10.4（3）～（5）款（原规范第 10.3.9～10.3.11 条）规定支付进度款的，承包人可催告发包人支付，并有权获得延迟支付的利息；发包人在付款期满后的 7 天内仍未支付的，承包人可在付款期满后的第 8 天起暂停施工。发包人应承担由此增加的费用和（或）延误的工期，向承包人支付合理利润，并承担违约责任。

(7) 发现已签发的任何支付证书有错、漏或重复的数额，发包人有权予以修正，承包人也有权提出修正申请。经发承包双方复核同意修正的，应在本次到期的进度款中支付或扣除。

3.5.11 竣工结算与支付

3.5.11.1 竣工结算

(1) 合同工程完工后，承包人应在提交竣工验收申请前编制完成竣工结算文件，并在提交竣工验收申请的同时向发包人提交竣工结算文件。

承包人未在规定的时间内提交竣工结算文件，经发包人催告后14天内仍未提交或没有明确答复，发包人有权根据已有资料编制竣工结算文件，作为办理竣工结算和支付结算款的依据，承包人应予以认可。

(2) 发包人应在收到承包人提交的竣工结算文件后的28天内审核完毕。

发包人经核实，认为承包人还应进一步补充资料和修改结算文件，应在上述时限内向承包人提出核实意见，承包人在收到核实意见后的14天内按照发包人提出的合理要求补充资料，修改竣工结算文件，并再次提交给发包人复核后批准。

(3) 发包人应在收到承包人再次提交的竣工结算文件后的28天内予以复核，并将复核结果通知承包人。

① 发包人、承包人对复核结果无异议的，应在7天内在竣工结算文件上签字确认，竣工结算办理完毕。

② 发包人或承包人对复核结果认为有误的，无异议部分按照①规定办理不完全竣工结算。

有异议部分由发承包双方协商解决，协商不成的，按照合同约定的争议解决方式处理。

(4) 发包人在收到承包人竣工结算文件后的28天内，不审核竣工结算或未提出审核意见的，视为承包人提交的竣工结算文件已被发包人认可，竣工结算办理完毕。

承包人在收到发包人提出的核实意见后的28天内，不确认也未提出异议的，视为发包人提出的核实意见已被承包人认可，竣工结算办理完毕。

(5) 发包人委托造价咨询人审核竣工结算的，工程造价咨询人应在28天内审核完毕，审核结论与承包人竣工结算文件不一致的，应提交给承包人复核，承包人应在14天内将同意审核结论或不同意见的说明提交工程造价咨询人。工程造价咨询人收到承包人提出的异议后，应再次复核，复核无异议的，按3.5.11.1（3）①（原规范第11.3.3条1款）规定办理，复核后仍有异议的，按3.5.11.1（3）②（原规范第11.3.3条2款）规定办理。

承包人逾期未提出书面异议，视为工程造价咨询人审核的竣工结算文件已经承包人认可。

(6) 对发包人或造价咨询人指派的专业人员与承包人经审核后无异议的竣工结算文件，除非发包人能提出具体、详细的不同意见，发包人应在竣工结算文件上签名确认，拒不签认的，承包人可不交付竣工工程。承包人并有权拒绝与发包人或其上级部门委托的工程造价咨询人重新核对竣工结算文件。

承包人未及时提交竣工结算文件的，发包人要求交付竣工工程，承包人应当交付；发包人不要求交付竣工工程，承包人承担照管所建工程的责任。

(7) 发承包双方或一方对工程造价咨询人出具的竣工结算文件有异议时，可向当地工程造价管理机构投诉，申请对其进行执业质量鉴定。

(8) 工程造价管理机构受理投诉后，应当组织专家对投诉的竣工结算文件进行质量鉴定，并做出鉴定意见。

（9）竣工结算办理完毕，发包人应将竣工结算书报送工程所在地（或有该工程管辖权的行业主管部门）工程造价管理机构备案，竣工结算书作为工程竣工验收备案、交付使用的必备文件。

3.5.11.2 结算款支付

（1）承包人应根据办理的竣工结算文件，向发包人提交竣工结算款支付申请。该申请应包括下列内容：

① 竣工结算总额；

② 已支付的合同价款；

③ 应扣留的质量保证金；

④ 应支付的竣工付款金额。

（2）发包人应在收到承包人提交竣工结算款支付申请后 7 天内予以核实，向承包人签发竣工结算支付证书。

（3）发包人签发竣工结算支付证书后的 14 天内，应按照竣工结算支付证书列明的金额向承包人支付结算款。

（4）发包人未按照 3.5.11.2（3）（原规范第 11.4.3 条）规定支付竣工结算款的，承包人可催告发包人支付，并有权获得延迟支付的利息。竣工结算支付证书签发后 56 天内仍未支付的，除法律另有规定外，承包人可与发包人协商将该工程折价，也可直接向人民法院申请将该工程依法拍卖。承包人就该工程折价或拍卖的价款优先受偿。

3.5.11.3 质量保证（修）金

（1）承包人未按照法律法规有关规定和合同约定履行质量保修义务的，发包人有权从质量保证金中扣留用于质量保修的各项支出。

（2）发包人应按照合同约定的质量保修金比例从每支付期应支付给承包人的进度款或结算款中扣留，直到扣留的金额达到质量保证金的金额为止。

（3）在保修责任期终止后的 14 天内，发包人应将剩余的质量保证金返还给承包人。剩余质量保证金的返还，并不能免除承包人按照合同约定应承担的质量保修责任和应履行的质量保修义务。

3.5.11.4 最终结清

（1）发承包双方应在合同中约定最终结清款的支付时限。承包人应按照合同约定的期限向发包人提交最终结清支付申请。发包人对最终结清支付申请有异议的，有权要求承包人进行修正和提供补充资料。承包人修正后，应再次向发包人提交修正后的最终结清支付申请。

（2）发包人应在收到最终结清支付申请后的 14 天内予以核实，向承包人签发最终结清证书。

（3）发包人应在签发最终结清支付证书后的 14 天内，按照最终结清支付证书列明的金额向承包人支付最终结清款。

（4）若发包人未在约定的时间内核实，又未提出具体意见的，视为承包人提交的最终结清支付申请已被发包人认可。

（5）发包人未按期最终结清支付的，承包人可催告发包人支付，并有权获得延迟支付的利息。

（6）承包人对发包人支付的最终结清款有异议的，按照合同约定的争议解决方式处理。

3.5.12 合同解除的价款结算与支付

（1）发承包双方协商一致解除合同的，按照达成的协议办理结算和支付工程款。

（2）由于不可抗力解除合同的，发包人应向承包人支付合同解除之日前已完成工程但尚未支付的工程款，并退回质量保证金。此外，发包人还应支付下列款项：

① 已实施或部分实施的措施项目应付款项。

② 承包人为合同工程合理订购且已交付的材料和工程设备货款。发包人一经支付此项货款，该材料和工程设备即成为发包人的财产。

③ 承包人为完成合同工程而预期开支的任何合理款项，且该项款项未包括在本款其他各项支付之内。

④ 由于不可抗力规定的任何工作应支付的款项。

⑤ 承包人撤离现场所需的合理款项，包括雇员遣送费和临时工程拆除、施工设备运离现场的款项。发承包双方办理结算工程款时，应扣除合同解除之日前发包人向承包人收回的任何款项。当发包人应扣除的款项超过了应支付的款项，则承包人应在合同解除后的56天内将其差额退还给发包人。

（3）因承包人违约解除合同的，发包人应暂停向承包人支付任何款项。发包人应在合同解除后28天内核实合同解除时承包人已完成的全部工程款以及已运至现场的材料和工程设备货款，并扣除误期赔偿费（如有）和发包人已支付给承包人的各项款项，同时将结果通知承包人。发承包双方应在28天内予以确认或提出意见，并办理结算工程款。如果发包人应扣除的款项超过了应支付的款项，则承包人应在合同解除后的56天内将其差额退还给发包人。

（4）因发包人违约解除合同的，发包人除应按照3.5.12（2）（原规范第12.0.2条）规定向承包人支付各项款项外，还应支付给承包人由于解除合同而引起的损失或损害的款项。该笔款项由承包人提出，发包人核实后与承包人协商确定后的7天内向承包人签发支付证书。协商不能达成一致的，按照合同约定的争议解决方式处理。

3.5.13 合同价款争议的解决

3.5.13.1 监理或造价工程师暂定

（1）若发包人和承包人之间就工程质量、进度、价款支付与扣除、工期延期、索赔、价款调整等发生任何法律上、经济上或技术上的争议，首先应根据已签约合同的规定，提交合同约定职责范围内的总监理工程师或造价工程师解决，并抄给另一方。总监理工程师或造价工程师在收到此提交件后14天之内应将暂定结果通知发包人和承包人。发承包双方对暂定结果认可的，应以书面形式予以确认，暂定结果成为最终决定。

（2）发承包双方在收到总监理工程师或造价工程师的暂定结果通知之后的14天内，未对暂定结果予以确认也未提出不同意见的，视为发承包双方已认可该暂定结果。

（3）发承包双方或一方不同意暂定结果的，应以书面形式向总监理工程师或造价工程师提出，说明自己认为正确的结果，同时抄送另一方，此时该暂定结果成为争议。在暂定结果不实质影响发承包双方当事人履约的前提下，发承包双方应实施该结果，直到其被改变为止。

3.5.13.2 管理机构的解释或认定

(1) 计价争议发生后，发承包双方可就下列事项以书面形式提请下列机构对争议做出解释或认定：

① 有关工程安全标准等方面的争议应提请建设工程安全监督机构做出；

② 有关工程质量标准等方面的争议应提请建设工程质量监督机构做出；

③ 有关工程计价依据等方面的争议应提请建设工程造价管理机构做出。

上述机构应对上述事项就发承包双方书面提请的争议问题做出书面解释或认定。

(2) 发承包双方或一方在收到管理机构书面解释或认定后仍可按照合同约定的争议解决方式提请仲裁或诉讼。除上述管理机构的上级管理部门做出了不同的解释或认定，或在仲裁裁决或法院判决中不予采信的外，工程造价管理机构做出的书面解释或认定是最终结果，对发承包双方均有约束力。

3.5.13.3 友好协商

(1) 计价争议发生后，发承包双方任何时候都可以进行协商。协商达成一致的，双方应签订书面协议，书面协议对发承包双方均有约束力。

(2) 如果协商不能达成一致协议，发包人或承包人都可以按合同约定的其他方式解决争议。

3.5.13.4 调解

(1) 发承包双方应在合同中约定争议调解人，负责双方在合同履行过程中发生争议的调解。

对任何调解人的任命，可以经过双方相互协议终止，但发包人或承包人都不能单独采取行动。除非双方另有协议，在最终结清支付证书生效后，调解人的任期即终止。

(2) 如果发承包双方发生了争议，任一方可以将该争议以书面形式提交调解人，并将副本送另一方，委托调解人做出调解决定。

发承包双方应按照调解人可能提出的要求，立即给调解人提供所需要的资料、现场进入权及相应设施。调解人应被视为不是在进行仲裁人的工作。

(3) 调解人应在收到调解委托后28天内，或由调解人建议并经发承包双方认可的其他期限内，提出调解决定，发承包双方接受调解意见的，经双方签字后作为合同的补充文件，对发承包双方具有约束力，双方都应立即遵照执行。

(4) 如果任一方对调解人的调解决定有异议，应在收到调解决定后28天内，向另一方发出异议通知，并说明争议的事项和理由。但除非并直到调解决定在友好协商或仲裁裁决中做出修改，或合同已经解除，承包人应继续按照合同实施工程。

(5) 如果调解人已就争议事项向发承包双方提交了调解决定，而任一方在收到调解人决定后28天内，均未发出表示异议的通知，则调解决定对发承包双方均具有约束力。

3.5.13.5 仲裁、诉讼

(1) 如果发承包双方的友好协商或调解均未达成一致意见，其中的一方已就此争议事项根据合同约定的仲裁协议申请仲裁，应同时通知另一方。

(2) 仲裁可在竣工之前或之后进行，但发包人、承包人、调解人各自的义务不得因在工程实施期间进行仲裁而有所改变。如果仲裁是在仲裁机构要求停止施工的情况下进行，则对合同工程应采取保护措施，由此增加的费用由败诉方承担。

(3) 在 3.5.13.1～3.5.13.4（原规范第 13.1～13.4 节）规定的期限之内，上述有关的暂定或友好协议或调解决定已经有约束力的情况下，如果发承包中一方未能遵守暂定或友好协议或调解决定，则另一方可在不损害他可能具有的任何其他权利的情况下，将未能遵守暂定或不执行友好协议或调解达成书面协议的事项提交仲裁。

(4) 发包人、承包人在履行合同时发生争议，双方不愿和解、调解或者和解、调解不成，又没有达成仲裁协议的，可依法向人民法院提起诉讼。

3.5.13.6 造价鉴定

(1) 在合同纠纷案件处理中，需做工程造价鉴定的，应委托具有相应资质的工程造价咨询人进行。

(2) 工程造价鉴定应根据合同约定做出，如合同条款约定出现矛盾或约定不明确，应根据 GB 50500 的规定，结合工程的实际情况做出专业判断，形成鉴定结论。

3.5.14 工程计价资料与档案

3.5.14.1 计价资料

(1) 发承包双方应当在合同中约定各自在合同工程中现场管理人员的职责范围，双方现场管理人员在职责范围内的签字确认的书面文件，是工程计价的有效凭证，但如有其他有效证据，或经实证证明其是虚假的除外。

(2) 发承包双方不论在何种场合对与工程计价有关的事项所给予的批准、证明、同意、指令、商定、确定、确认、通知和请求，或表示同意、否定、提出要求和意见等，均应采用书面形式，口头指令不得作为计价凭证。

(3) 任何书面文件由人面交应取得对方收据，通过邮寄应采用挂号传送，或发承包双方商定的电子传输方式发送。交付、传送或传输至指定的接收人的地址。如接收人通知了另外地址时，随后通信信息应按新地址发送。

(4) 发承包双方分别向对方发出的任何书面文件，均应将其抄送现场管理人员，如系复印件应加盖合同工程管理机构印章，证明与原件同样。双方现场管理人员向对方所发任何书面文件，亦应将其复印件发送给发承包双方。复印件应加盖其合同工程管理机构印章，证明与原件同样。

(5) 发承包双方均应当及时签收另一方送达其指定接收地点的来往信函，拒不签收的，送达信函的一方可以采用特快专递或者公证方式送达，所造成的费用增加（包括被迫采用特殊送达方式所发生的费用）和（或）延误的工期由拒绝签收一方承担。

(6) 书面文件和通知不得扣压，一方能够提供证据证明另一方拒绝签收或已送达的，视为对方已签收并承担相应责任。

3.5.14.2 计价档案

(1) 发承包双方以及工程造价咨询人对具有保存价值的各种载体的计价文件，均应收集齐全，整理立卷后归档。

（2）发承包双方和工程造价咨询人应建立完善的工程计价档案管理制度，并符合国家和有关部门发布的档案管理相关规定。

（3）工程造价咨询人归档的计价文件，保存期不宜少于五年。

（4）归档的工程计价成果文件应包括纸质原件和电子文件。其他归档文件及依据可为纸质原件、复印件或电子文件。

（5）归档文件必须经过分类整理，并应组成符合要求的案卷。

（6）归档可以分阶段进行，也可以在项目结算完成后进行。

（7）向接受单位移交档案时，应编制移交清单，双方签字、盖章后方可交接。

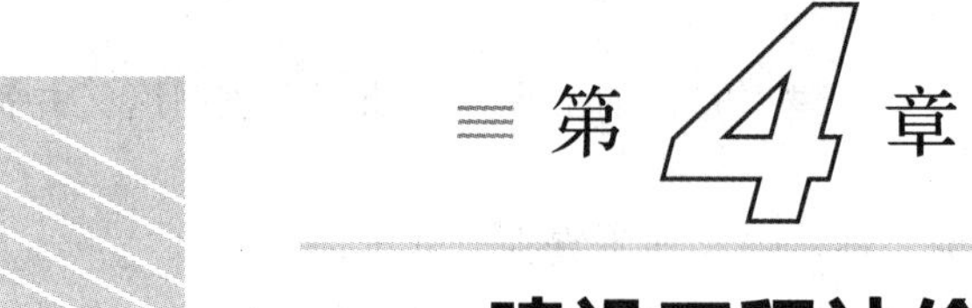

第4章 建设工程计价

4.1 建设工程计价方法

4.1.1 建设工程计价的基本方法

从工程费用计算角度分析，工程造价计价的顺序是：工程项目单价→单位工程造价→单项工程造价→建设项目总造价。影响工程造价的主要因素是两个，即单位价格和实物工程数量，可用下列基本计算式表达：

$$工程造价=\sum_{i=1}^{n}（工程量\times单位价格） \tag{4-1}$$

式中 i——第 i 个工程子项；

n——工程结构分解得到的工程子项数。

对工程子项的单位价格分析，可以有两种形式：

（1）直接费单价

如果工程项目单位价格仅仅考虑人工、材料、施工机械资源要素的消耗量和价格形成，即单位价格$=\sum$(工程子项的资源要素消耗量×资源要素的价格)，该单位价格是直接费单价。人工、材料、机械资源要素消耗量定额，它是工程计价的重要依据，与劳动生产率、社会生产力水平、技术和管理水平密切相关。发包人工程估价的定额反映的是社会平均生产力水平，而承包人进行估价的定额反映的是该企业技术与管理水平。

（2）综合单价

如果在单位价格中还考虑直接费以外的其他费用，则构成的是综合单价。综合单价是完成工程量清单中一个规定计量单位项目所需的人工费、材料费、机械使用费、管理费和利润，以及一定范围的风险费用组成。

我国现行的工程造价计价方式有两种：工程定额计价法和工程量清单计价法。

4.1.2 工程定额计价法

4.1.2.1 第一阶段：收集资料

（1）设计图纸

设计图纸要求成套不缺，附带说明书以及必需的通用设计图。在计价前要完成设计交底和图纸会审程序。

(2) 现行计价依据、材料价格、人工工资标准、施工机械台班使 用定额以及有关费用调整的文件等。

(3) 工程协议或合同。

(4) 施工组织设计（施工方案）或技术组织措施等。

(5) 工程计价手册。

如各种材料手册、常用计算公式和数据、概算指标等各种资料。

4.1.2.2 第二阶段：熟悉图纸和现场

(1) 熟悉图纸

在计价之前，应该留有一定时间，专门用来阅读图纸，特别是一些现代高级民用建筑。

(2) 注意施工组织设计有关内容。

(3) 结合现场实际情况

在图纸和施工组织设计仍不能完全表示时，必须深入现场，进行实际观察，以补充上述的不足。例如，土方工程的土壤类别，现场有无障碍物需要拆除和清理。在新建和扩建过程中，有些项目或工程量，依据图纸无法计算时，必须到现场实际测量。

4.1.2.3 第三阶段：计算工程量

(1) 计算工程量一般可按下列具体步骤进行：

① 根据施工图示的工程内容和定额项目，列出需计算工程量的分部分项；

② 根据一定的计算顺序和计算规则，列出计算式；

③ 根据施工图示尺寸及有关数据，代入计算式进行数学计算；

④ 按照定额中的分部分项的计量单位对相应的计算结果的计量单位进行调整，使之一致。

(2) 工程量的计算，要根据图纸所标明的尺寸、数量以及附有的设备明细表、构件明细表来计算。一般应注意下列几点：

① 要严格按照计价依据的规定和工程量计算规则，结合图纸尺寸进行计算，不能随意地加大或缩小各部位尺寸。

② 为了便于核对，计算工程量一定要注明层次、部位、轴线编号及断面符号。计算式要力求简单明了，按一定程序排列，填入工程量计算表，以便查对。

③ 尽量采用图中已经通过计算注明的数量和附表。如门窗表、预制构件表、钢筋表、设备表、安装主材表等，必要时查阅图纸进行核对。

④ 计算时要防止重复计算和漏算。在计价之前先看懂图纸，弄清各页图纸的关系及细部说明。一般也可按照施工次序，由上而下，由外而内，由左而右，事先草列分部分项名称，依次进行计算。在计算中发现有新的项目，随时补充进去，防止遗忘。也可以采用分页图纸逐张清算的办法，以便先减少一部分图纸数量，集中精力计算比较复杂的部分。计算工程量，有条件的尽量分层、分段、分部位来计算，最后将同类项加以合并，编制工程量汇总表。

4.1.2.4 第四阶段：套定额单价

计算直接费套价应注意以下是事项：

① 分项工程名称、规格和计算单位必须与定额中所列内容完全一致。即以定额中找出

与之相适应的项目编号，查出该项工程的单价。

② 定额换算。根据定额进行换算，即以某分项定额为基础进行局部调整。如材料品种改变和数量增加，混凝土和砂浆强度等级与定额规定不同，使用的施工机具种类型号不同，原定额工日需增加的系数等等。有的项目允许换算，有的项目不允许换算，均按定额规定执行。

③ 补充定额编制。当施工图纸的某些设计要求与定额项目特征相差甚远，既不能直接套用也不能换算、调整时，必须编制补充定额。

4.1.2.5 第五阶段：编制工料分析表

根据用工工日及材料数量计算出各分部分项工程所需的人工及材料数量，相加汇总便得出该单位工程所需要的各类人工和材料的数量。

4.1.2.6 第六阶段：费用计算

将所列项工程实物量全部计算出来后，就可以按所套用的相应定额单价计算直接工程费，进而计算直接费、间接费、利润及税金等各种费用，并汇总得出工程造价。

4.1.2.7 第七阶段：复核

工程计价完成后，需对工程计价结果进行复核，以便及时发现差错，提高成果质量。

4.1.2.8 第八阶段：编制说明

编制说明是说明工程计价的有关情况，包括编制依据、工程性质、内容范围、设计图纸号、所用计价依据、有关部门的调价文件号、套用单价或补充定额子目的情况及其他需要说明的问题。

4.1.3 工程量清单计价法

工程量清单计价法的程序和方法与工程量定额计价法基本一致，只是第四、第五、第六阶段有所不同。具体如下：

4.1.3.1 第四阶段：工程量清单项目组价

组价的方法和注意事项与工程定额计价法相同，每个工程量清单项目包括一个或几个子目，每个子目相当于一个定额子目。所不同的是，工程量清单项目套价的结果是计算该清单项目的综合单价，并不是计算该清单项目的直接工程费。

4.1.3.2 第五阶段：分析综合单价

一个工程量清单项目由一个或几个定额子目组成，将各定额子目的综合单价汇总累加，再除以该清单项目的工程数量，即可求得该清单项目的综合单价。

4.1.3.3 第六阶段：费用计算

在工程量计算、综合单价分析经复查无误后，即可进行分部分项工程费、措施项目费、其他项目费、规费和税金的计算，从而汇总得出工程造价。其具体计算原则和方法如下：

$$分部分项工程费=\sum 分部分项工程量\times 分部分项工程项目综合单价 \tag{4-2}$$

其中，分部分项工程项目综合单价由人工费、材料费、机械费、管理费和利润组成，并考虑风险因素。

$$措施项目费=\sum措施项目工程量\times措施项目综合单价 \tag{4-3}$$

或

$$措施项目费=\sum各措施项目费\times费率 \tag{4-4}$$

$$单位工程造价=分部分项工程费+措施项目费+其他项目费+规费+税金 \tag{4-5}$$

$$单项工程造价=\sum单位工程造价 \tag{4-6}$$

$$建设项目总造价=\sum单项工程造价 \tag{4-7}$$

4.2 工程建设定额

4.2.1 工程建设定额及其分类

工程建设定额是指在单位产品上人工、材料、机械、资金消耗的规定额度。工程建设定额是各类定额的总称，它包括许多种类的定额，如图 4-1。

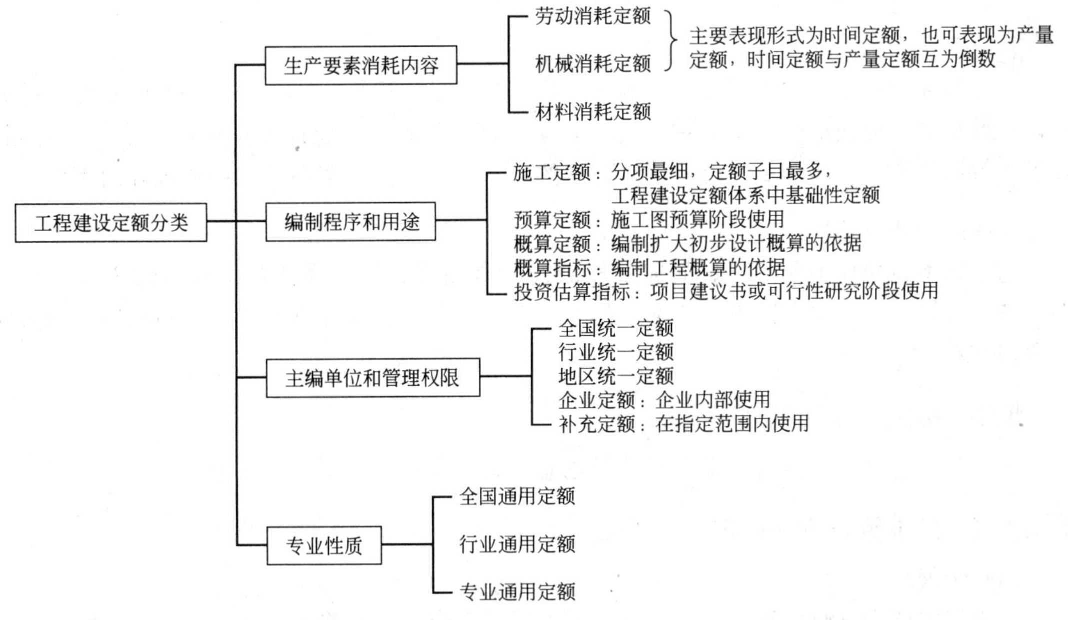

图 4-1 工程建设定额分类

4.2.1.1 按定额反映的生产要素消耗内容分类

(1) 劳动消耗定额

简称劳动定额（也称为人工定额），是指完成一定的合格产品（工程实体或劳务）规定活劳动消耗的数量标准。

(2) 机械消耗定额

是指为完成一定合格产品（工程实体或劳务）所规定的施工机械消耗的数量标准。

(3) 材料消耗定额

简称材料定额，是指完成一定合格产品所需消耗材料的数量标准。

4.2.1.2 按定额的编制程序和用途分类

（1）施工定额

施工定额是以同一性质的施工过程——工序，作为研究对象，表示生产产品数量与时间消耗综合关系编制的定额。

施工定额本身由劳动定额、机械定额和材料定额三个相对独立的部分组成，主要直接用于工程的施工管理，作为编制工程施工设计、施工预算、施工作业计划、签发施工任务单、限额领料卡及结算计件工资或计量奖励工资等用。它同时也是编制预算定额的基础。

（2）预算定额

预算定额是以建筑物或构筑物各个分部分项工程为对象编制的定额。其内容包括劳动定额、机械台班定额、材料消耗定额三个基本部分，并列有工程费用，是一种计价的定额。从编制程序上看，预算定额是以施工定额为基础综合扩大编制的；同时它也是编制概算定额的基础。

（3）概算定额

概算定额通常按工业建筑和民营建筑分别编制。

（4）概算指标

概算指标的设定和初步设计的深度相适应。一般是在概算定额和预算定额的基础上编制的，比概算定额更加综合扩大。它是设计单位编制工程概算或建设单位编制年度任务计划、施工准备期间编制材料和机械设备供应计划的依据，也可供国家编制年度建设计划参考。

（5）投资估算指标

它是在项目建议书和可行性研究阶段编制投资估算、计算投资需要量时使用的一种定额。它非常概略，往往以独立的单项工程或完整的工程项目为计算对象，编制内容是所有项目费用之和。

4.2.1.3 按照专业性质划分

工程建设定额分为全国通用定额、行业通用定额和专业专用定额三种。

4.2.1.4 按主编单位和管理权限分类

（1）全国统一定额

是由国家建设行政主管部门，综合全国工程建设中技术和施工组织管理的情况编制，并在全国范围内执行的定额。可作为制定企业定额和投标报价的基础。

（2）行业统一定额

是考虑到各行业部门专业工程技术特点，以及施工生产和管理水平编制的，一般是只在本行业和相同专业性质的范围内使用。

（3）地区统一定额

包括省、自治区、直辖市定额。

（4）企业定额

是指内施工企业考虑本企业具体情况，参照国家、部门或地区定额的水平制定的定额，企业定额只在企业内部使用，是企业素质的一个标志。企业定额水平一般应高于国家现行定额，才能满足生产技术发展、企业管理和市场竞争的需要。

(5) 补充定额

是指随着设计施工技术的发展，现行定额不能满足需要的情况下，为了补充缺项所编制的定额。补充定额只能在指定的范围内使用，可以作为以后修订定额的基础。

4.2.2 预算定额构成

预算定额由项目名称（如：混凝土过梁）、工料机消耗量（如：捣固 $10m^3$ 过梁需 17.96 个工日）、定额基价（如：捣固 $10m^3$ 过梁需 2885.69 元）等内容构成。如表 4-1 所示。

表 4-1 工作内容 单位：$10m^3$

定额编号				A4-217
项目名称				C20 商品混凝土过梁
基价/元				2885.69
其中	人工费/元 材料费/元 机械费/元			718.4 2153.27 14.02
名称		单位	单价	数量
人工	综合用工二类	工日	40.00	17.960
材料	商品混凝土 C20 塑料薄膜 水	m^3 m^2 m^3	210.00 0.60 3.03	9.970 74.280 4.495
机械	混凝土振捣器(插入式)	台班	11.40	1.230

4.2.2.1 项目名称

预算定额的项目名称也叫子目名称。定额子目是构成工程实体或有助于构成工程实体的最小部分。一般按工程的不同部位、不同材料、不同工艺、不同施工机械、不同施工方法和材料规格型号划分。

4.2.2.2 预算定额消耗量指标

工料机消耗量是预算定额的主要内容。这些消耗量是完成单位建筑产品的规定数量。根据劳动定额、材料消耗定额、机械台班定额来确定消耗量指标。

(1) 按选定的典型工程施工图及有关资料计算工程量。

(2) 人工消耗指标，是指完成该分项工程必须消耗的各种用工。包括：

① 基本用工。完成该分项工程的主要用工。

② 材料超运距用工。超过劳动定额运距的材料要计算超运距用工。

③ 施工现场发生的加工材料等的用工。

④ 人工幅度差。正常施工条件下，劳动定额中没有包含的用工因素。

(3) 材料消耗指标。材料消耗包括直接用于建筑安装工程上的材料、不可避免产生的施工废料、不可避免的材料施工操作消耗。直接用于建筑安装工程上的材料称为材料消耗净用量。不可避免产生的施工废料、不可避免的材料施工操作损耗称为材料消耗损耗量。

(4) 施工机械台班消耗指标，计量单位是台班。按现行规定，每个工作台班按机械工作

8 小时计算。

4.2.2.3 预算定额基价的确定

预算定额由人工费、材料费、机械台班使用费构成定额基价。基价，即工程单价，它可以是完全工程单价，也可以是不完全工程单价。作为建筑工程预算定额，以完全工程单价的形式表现，也可称为建筑工程单位估价表；作为不完全工程单价表现形式的定额，常用于安装工程预算定额和装饰工程预算定额。预算定额中的基价是根据某一地区的人工单价、材料价格、机械台班价格计算的，计算公式如下：定额基价＝人工费＋材料费＋机械使用费。式中，人工费＝∑(定额项目工日数×人工单价)；材料费＝∑(定额项目材料数量×材料单价)；机械使用费＝∑(定额项目机械台班数量×台班单价)。

(1) 人工单价，指工人一个工作日应该得到的劳动报酬。包括：基本工资、工资性津贴、养老保险费、失业保险费、医疗保险费、住房公积金等。

(2) 材料单价，指材料从采购时起运到工地仓库或堆放场地后的出库价格。包括：材料原价、运杂费、采购及保管费、检验试验费和二次加工费。

(3) 机械台班单价，也称施工机械台班单价，指在单位工作台班中为使机械正常运转所分摊和支出的各项费用。包括：折旧费、大修理费、经常修理费、安拆及场外运输费、燃料动力费、人工费、养路费和车船使用税。

4.3 定额计价

(1) 采用定额计价模式的程序以施工图预算编制为例，如图 4-2。编制程序为：

① 根据施工图、施工方案和预算定额列出分项工程项目，并计算工程量；

② 根据分项工程量名称套用预算定额；

③ 根据工程量和套用定额的数据计算定额人工费、材料费、机械费，并进行工料分析

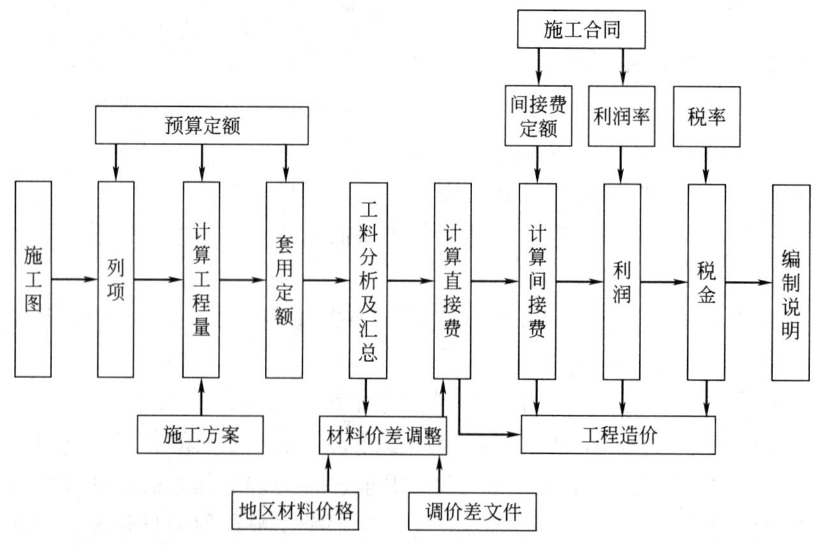

图 4-2 施工图预算编制程序

和汇总；

④ 将分部分项工程直接工程费汇总成单位工程直接工程费；

⑤ 根据材料价差调整文件、材料价格和汇总的材料量，调整单位工程材料价差；

⑥ 按《建筑安装工费用项目组成》的通知（建标［2003］206号）中规定的标准计算措施费（通用项目）；

⑦ 按直接工程费及措施费之和计算直接费；

⑧ 按直接费为计算基础乘以间接费率计算间接费；

⑨ 按工程预算成本或直接费中的人工费及机械费之和，或直接费中的人工费为计算基础乘以利润率计算利润；

⑩ 根据单位工程直接费、间接费、利润之和乘以相应税率计算税金；

⑪ 根据单位工程直接费、间接费、利润之和计算单位工程建筑安装工程造价；

⑫ 编写编制说明；

⑬ 汇总各单位工程建筑安装工程造价及设备、工器具购置费计算单项工程造价；

⑭ 根据各单项工程造价、工程建设其他费用、预备费、建设期利息计算建设项目全部工程造价。

(2) 采用定额计价模式确定的建筑安装工程造价构成如图4-3所示。

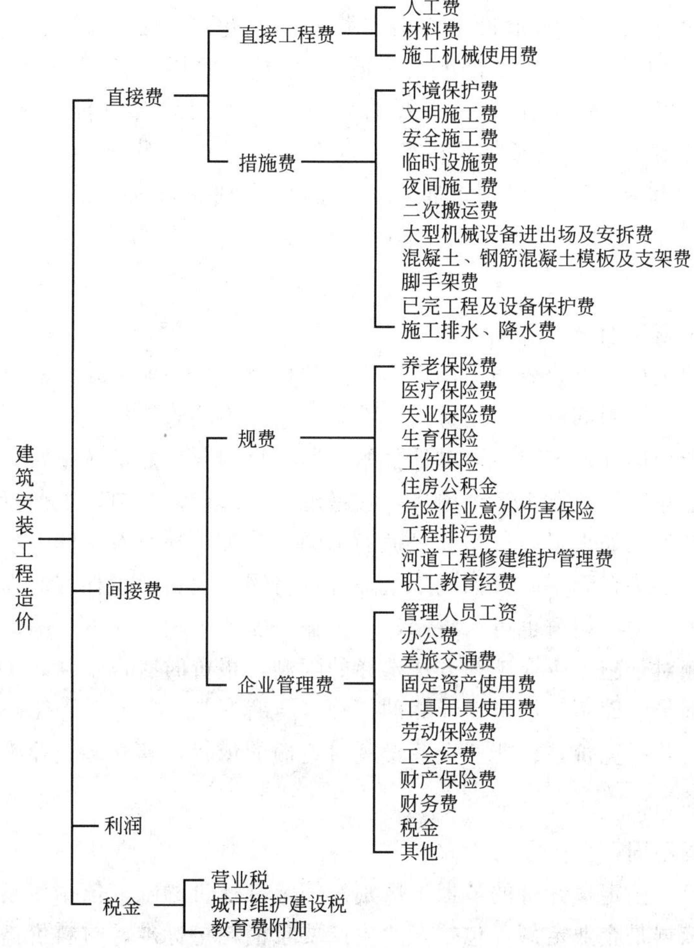

图4-3 采用定额计价模式确定的建筑安装工程造价构成

4.4 清单计价

4.4.1 工程量清单计价与定额计价的不同点

(1) 单位工程造价构成形式不同

按定额计价时单位工程造价由直接工程费、间接费、利润、税金构成，计价时先计算直接费，再以直接费（或其中的人工费）为基数计算各项费用、利润、税金，汇总为单位工程造价。工程量清单计价时，造价由工程量清单费用（$=\sum$清单工程量×项目综合单价）、措施项目清单费用、其他项目清单费用、规费、税金五部分构成，做这种划分的考虑是将施工过程中的实体性消耗和措施性消耗分开，对于措施性消耗费用只列出项目名称，由投标人根据招标文件要求和施工现场情况、施工方案自行确定，以体现出以施工方案为基础的造价竞争；对于实体性消耗费用，则列出具体的工程数量，投标人要报出每个清单项目的综合单价。

(2) 分项工程单价构成不同

按定额计价时分项工程的单价是工料单价，即只包括人工、材料、机械费，工程量清单计价分项工程单价一般为综合单价，除了人工、材料、机械费，还要包括管理费（现场管理费和企业管理费）、利润和必要的风险费。采用综合单价便于工程款支付、工程造价的调整和工程结算，也避免了因为“取费”产生的一些无谓纠纷。综合单价中的直接费、费用、利润由投标人根据本企业实际支出及利润预期、投标策略确定，是施工企业实际成本费用的反映，是工程的个别价格。综合单价的报出是一个个别计价、市场竞争的过程。

(3) 单位工程项目划分不同

按定额计价的工程项目划分即预算定额中的项目划分，一般土建定额有几千个项目，其划分原则是按工程的不同部位、不同材料、不同工艺、不同施工机械、不同施工方法和材料规格型号，划分十分详细。工程量清单计价的工程项目划分较之定额项目的划分有较大的综合性，新规范中土建工程只有 177 个项目，它考虑工程部位、材料、工艺特征，但不考虑具体的施工方法或措施，如人工或机械、机械的不同型号等，同时对于同一项目不再按阶段或过程分为几项，而是综合到一起，如混凝土，可以将同一项目的搅拌（制作）、运输、安装、接头灌缝等综合为一项，门窗也可以将制作、运输、安装、刷油、五金等综合到一起，这样能够减少原来定额对于施工企业工艺方法选择的限制，报价时有自主性。工程量清单中的量应该是综合的工程量，而不是按定额计算的“预算工程量”。综合的量有利于企业自主选择施工方法并以之为基础竞价，也能使企业摆脱对定额的依赖，建立起企业内部报价及管理的定额和价格体系。

(4) 计价依据不同

这是清单计价和按定额计价的最根本区别。按定额计价的唯一依据就是定额，而工程量清单计价的主要依据是企业定额，包括企业生产要素消耗量标准、材料价格、施工机械配备及管理状况、各项管理费支出标准等。目前可能多数企业没有企业定额，但随着工程量清单计价形式的推广和报价实践的增加，企业将逐步建立起自身的定额和相应的项目单价，当企业都能根据自身状况和市场供求关系报出综合单价时，企业自主报价、市场竞争（通过招投标）定价的计价格局也将形成，这也正是工程量清单所要促成的目标。工程量清单计价的本质是要改变政府定价模式，建立起市场形成造价机制，只有计价依据个别化，这一目标才能实现。

4.4.2 工程量清单计价程序

工程量清单计价过程见表4-2。

表4-2 工程量清单计价过程

项目	计算	备注
分部分项工程费	Σ分部分项工程量×相应分部分项工程单价	分部分项工程单价由人工费、材料费、机械费、企业管理费、利润等组成，并考虑一定范围内的风险费用
措施项目费	Σ各措施项目费	每项措施项目费均为合价，其构成与分部分项工程单价构成类似
其他项目费	暂列金额＋暂估价＋计日工＋总承包服务费	暂列金额是指招标人在工程量清单中暂定并包括在合同价款中的一笔款项 暂估价是指招标人在工程量清单中提供的用于支付必然发生但暂时不能确定价格的材料的单价以及专业工程的金额 计日工是指在施工过程中，完成发包人提出的施工图纸以外的零星项目或工作，按合同中约定的综合单价计价的一种计价方式 总承包服务费是指总承包人为配合协调发包人进行的工程分包，自行采购的设备、材料等进行管理、服务以及施工现场管理、竣工资料汇总整理等服务所需的费用
单位工程报价	分部分项工程费＋措施项目费＋其他项目费＋规费＋税金	
单项工程报价	Σ单位工程报价	
建设项目总报价	Σ单项工程报价	

第5章 工程造价的确定与控制

5.1 决策、设计阶段工程造价确定与控制

5.1.1 决策和设计阶段工程造价确定与控制的意义

项目投资决策是选择和决定投资行动方案的过程，是对拟建项目的必要性和可行性进行技术经济论证，对不同建设方案进行技术经济比较及做出判断和决定的过程。这个阶段的产出对总投资影响，一般工业建设项目的经验数据 60%～70%，估计产出对项目使用功能的影响在 70%～80%。这表明项目决策阶段对项目投资和使用功能具有决定性的影响。

工程设计是指在工程开始施工之前，设计者根据已批准的设计任务书，为具体实现拟建项目的技术和经济要求，拟定建筑、安装及设备制造等所需的规划、图纸、数据等技术文件的工作。设计是建设项目由计划变为现实具有决定意义的工作阶段。这个阶段的产出对总投资影响，一般工业建设项目的经验数据为 20%～30%；对项目使用功能的影响在 10%～20%。这表明项目设计阶段对项目投资和使用功能具有重要影响。

决策和设计阶段工程造价确定与控制的意义主要有：

(1) 提高资金利用效率和投资控制效率

决策和设计阶段工程造价的表现形式是投资估算和设计概、预算，通过编制与审核投资估算和设计概、预算，可以了解工程造价的构成，分析资金分配的合理性。在投资决策阶段，进行多方案的技术经济分析比较，选出最佳方案，为合理确定和有效控制工程造价提供良好的前提条件；在项目设计阶段，利用价值工程理论分析项目各个组成部分功能与成本的匹配程度，调整项目功能与成本，使工程造价构成更趋于合理，提高资金利用效率。

(2) 使工程造价确定与控制工作更主动

对于建筑业而言，由于建筑产品的生产具有单件性的特点，这种管理方法只能发现差异，不能消除差异，也不能预防差异的发生，而且差异一旦发生，损失往往很大，因此是一种被动的控制方法。我们在项目决策和设计阶段进行工程造价确定与控制，是为了使投资造价管理工作具有预见性和前瞻性。由此，做好项目决策和设计阶段工程造价确定与控制会使整个投资造价管理工作更加主动。

(3) 便于设计与经济相结合

技术人员很容易造成更注重项目规模大、技术先进、建设标准高等，而忽视了经济因素。如果在项目决策和设计阶段吸收技术经济人员参与，可以使项目决策和设计从一开始就建立在投资造价合理、效益最佳基础之上。

(4) 在决策和设计阶段控制工程造价效果最显著

工程造价确定与控制贯穿于项目建设全过程，图 5-1 反映了各阶段影响工程项目投资的一般规律。

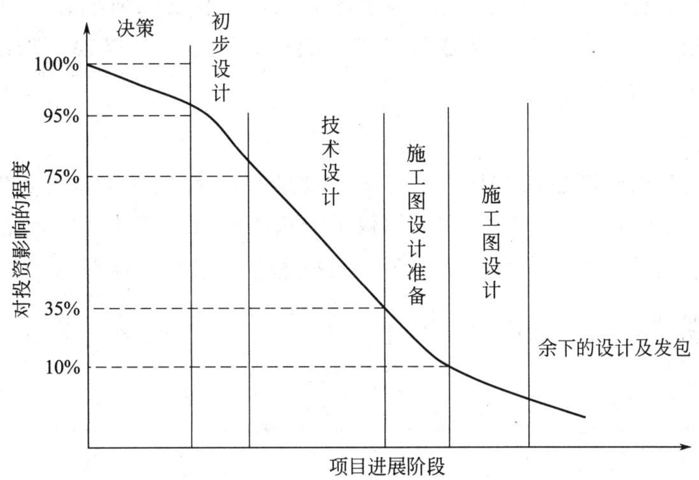

图 5-1 建设过程各阶段对投资的影响

从图中可以看出，决策与设计阶段是整个工程造价确定与控制的龙头与关键。

5.1.2 决策和设计阶段影响工程造价的主要因素

5.1.2.1 决策阶段影响工程造价的主要因素

建设项目决策阶段影响工程造价的主要因素有：项目建设规模、建设地区及建设地点（厂址）、技术方案、设备方案、工程方案和环境保护措施等。

(1) 项目建设规模

项目建设规模是指项目设定的正常生产营运年份可能达到的生产能力或者使用效益。项目规模的合理选择关系着项目的成败，决定着工程造价合理与否，其制约因素有：市场因素、技术因素、环境因素、行业特定的制约因素。

(2) 建设地区及建设地点（厂址）

一般情况下，确定某个建设项目的具体地址（或厂址），需要经过建设地区选择和建设地点选择（厂址选择）这样两个不同层次的、相互联系又相互区别的工作阶段。这两个阶段是一种递进关系。其中，建设地区选择是指在几个不同地区之间对拟建项目适宜配置在哪个地域范围的选择；建设地点选择是指对项目具体坐落位置的选择。

(3) 技术方案

生产技术方案指产品生产所采用的工艺流程和生产方法。技术方案不仅影响项目的建设成本，也影响项目建成后的运营成本。因此，技术方案的选择直接影响项目的工程造价，必须认真选择和确定。

(4) 设备方案

在生产工艺流程和生产技术确定后，就要根据工厂生产规模和工艺过程的要求，选择设备的型号和数量。设备的选择与技术密切相关，二者必须匹配。

(5) 工程方案

工程方案选择是在已选定项目建设规模、技术方案和设备方案的基础上，研究论证主要建筑物、构筑物的建造方案，包括对于建筑标准的确定。一般工业项目的厂房、工业窑炉、生产装置等建筑物、构筑物的工程方案，主要研究其建筑特征（面积、层数、高度、跨度），建筑物构筑物的结构型式，以及特殊建筑要求（防火、防爆、防腐蚀、隔声、隔热等），基础工程方案，抗震设防等。

(6) 环境保护措施

建设项目一般会引起项目所在地自然环境、社会环境和生态环境的变化，对环境状况、环境质量产生不同程度的影响。在研究环境保护治理措施时，应从环境效益、经济效益相统一的角度进行分析论证，力求环境保护治理方案技术可行和经济合理。

5.1.2.2 设计阶段影响工程造价的主要因素

(1) 工业项目

① 总平面设计。

② 工艺设计。

③ 建筑设计。在建筑设计阶段影响工程造价的主要因素有平面形状、流通空间、层高、建筑物层数、柱网布置、建筑物的体积与面积和建筑结构。一般地说，建筑物平面形状越简单，它的单位面积造价就越低，建筑物周长与建筑面积比 $K_{周}$（即单位建筑面积所占外墙长度）越低，设计越经济。

(2) 民用项目

① 住宅小区规划。

② 住宅建筑设计。住宅建筑设计中影响工程造价的主要因素有建筑物平面形状和周长系数、层高和净高、层数、单元组成、户型和住户面积、建筑结构等。一般都建造矩形和正方形住宅，既有利于施工，又能降低造价和方便使用。在矩形住宅建筑中，又以长：宽＝2：1为佳。一般住宅单元以 3～4 个住宅单元、房屋长度 60～80 米较为经济。民用住宅的层高一般不宜超过 2.8 米。

5.1.3 建设项目可行性研究与工程造价确定和控制

(1) 可行性研究的概念

建设项目可行性研究是在投资决策前，综合研究、论证建设项目的技术先进性、适用性、可靠性，经济合理性和有利性，以及建设可能性和可行性，由此确定该项目是否投资和如何投资，使之进入项目开发建设的下一阶段等结论性意见。

(2) 可行性研究报告的内容

项目可行性研究报告一般包括如下基本内容：

① 项目兴建理由与目标。包括项目兴建理由、项目预测目标、项目建设基本条件。

② 市场分析与预测。包括市场预测内容、市场现状调查、产品供需预测、价格预测、竞争力分析、市场风险分析、市场调查与预测方法。

③ 资源条件评价。包括资源开发利用的基本要求、资源评价。

④ 建设规模与产品方案。包括建设规模方案选择、产品方案选择、建设规模与产品方案比选。

⑤ 场（厂）址选择。包括场址选择的基本要求、场址选择研究内容、场址方案比选。

⑥ 技术方案、设备方案和工程方案。包括技术方案选择、主要设备方案选择、工程方案选择、节能措施、节水措施。

⑦ 原材料燃料供应。包括主要原材料供应方案、燃料供应方案、主要原材料燃料供应方案比选。

⑧ 总图运输与公用辅助工程。包括总图布置方案、场内外运输方案、公用工程与辅助工程方案。

⑨ 环境影响评价。包括环境影响评价基本要求、环境条件调查、影响环境因素分析、环境保护措施。

⑩ 劳动安全卫生与消防。包括劳动安全卫生、消防设施。

⑪ 组织机构与人力资源配置。包括组织机构设置及其适应性分析、人力资源配置、员工培训。

⑫ 项目实施进度。包括建设工期、实施进度安排。

⑬ 投资估算。包括建设投资估算内容、建设投资估算方法、流动资金估算、项目投入总资金及分年投入计划。

⑭ 融资方案。包括融资组织形式选择、资金来源选择、资本金筹措、债务资金筹措、融资方案分析。

⑮ 财务评价。包括财务评价内容与步骤、财务评价基础数据与参数选取、销售收入与成本费用估算、新设项目法人项目财务评价、既有项目法人项目财务评价、不确定性分析、非盈利性项目财务评价。

⑯ 国民经济评价。包括国民经济评价范围和内容、国民经济效益与费用识别、影子价格的选取与计算、国民经济评价报表编制、国民经济评价指标计算、国民经济评价参数。

⑰ 社会评价。包括社会评价作用与范围、社会评价主要内容、社会评价步骤与方法。

⑱ 风险分析。包括风险因素识别、风险评估方法、风险防范对策。

⑲ 研究结论与建议。包括推荐方案总体描述、主要比选方案描述、结论与建议。

⑳ 附件。

(3) 可行性研究报告的作用

① 作为投资主体投资决策的依据；

② 作为向当地政府或城市规划部门申请建设执照的依据；

③ 作为环保部门审查建设项目对环境影响的依据；

④ 作为编制设计任务书的依据；

⑤ 作为安排项目计划和实施方案的依据；

⑥ 作为筹集资金和向银行申请贷款的依据；

⑦ 作为编制科研实验计划和新技术、新设备需用计划及大型专用设备生产预安排的依据；

⑧ 作为从国外引进技术、设备以及与国外厂商谈判签约的依据；

⑨ 作为与项目协作单位签订经济合同的依据；

⑩ 作为项目后评价的依据。

(4) 可行性研究对工程造价确定与控制的影响

从项目可行性研究报告的内容与作用可以看出，项目可行性研究与工程造价的合理确定与控制有着密不可分的联系。

① 项目可行性研究结论的正确性是工程造价合理性的前提；

② 项目可行性研究的内容是决定工程造价的基础；

③ 工程造价高低、投资多少也影响可行性研究结论；

④ 可行性研究的深度影响投资估算的精确度，也影响工程造价的控制结果。

5.1.4 设计方案的评价、比选与工程造价确定和控制

5.1.4.1 建设项目经济评价的作用及内容

财务评价是在国家现行财税制度和价格体系的前提下，从项目的角度出发，计算项目范围内的财务效益和费用，分析项目的盈利能力和清偿能力，评价项目在财务上的可行性。国民经济评价是在合理配置社会资源的前提下，从国家经济整体利益的角度出发，计算项目对国民经济的贡献，分析项目的经济效益、效果和对社会的影响，评价项目在宏观经济上的合理性。

5.1.4.2 设计方案评价、比选的原则与内容

(1) 设计方案评价、比选的原则

① 建设项目设计方案评价、比选要协调好技术先进性和经济合理性的关系。即在满足设计功能和采用合理先进技术的条件下，尽可能降低投入。

② 建设项目设计方案评价、比选除考虑一次性建设投资的比选，还应考虑项目运营过程中的费用比选，即项目寿命期的总费用比选。

③ 建设项目设计方案评价、比选要兼顾近期与远期的要求。即建设项目的功能和规模应根据国家和地区远景发展规划，适当留有发展余地。

(2) 设计方案评价、比选的内容

一般在设计方案评价、比选时，应以单位或分部分项工程为对象，通过主要技术经济指标的对比，确定合理的设计方案。

5.1.4.3 设计方案评价、比选的方法

(1) 造价额度法

甲方案工程造价为 A，乙方案工程造价为 B；如果 $A<B$，则选择甲方案；如果 $A>B$，则选择乙方案。

(2) 运行费用法

甲方案年运行费用为 A，乙方案年运行费用为 B；如果 $A<B$，则选择甲方案；如果 $A>B$，则选择乙方案。

(3) 净现值法

甲方案工程造价为 A、年运营费用为 N、年销售收入为 P，乙方案工程造价为 B、年运营费用为 M、年销售收入为 Q，计算期为 10 年。

$$\text{甲方案净现值}=-A\times I_1+\sum(P-N)\times I_n \tag{5-1}$$

$$乙方案净现值=-B\times I_1+\sum(Q-M)\times I_n \tag{5-2}$$

式中 I_1——第1年折现系数；

I_n——第 n 年折现系数，n 从2到10。

如果乙方案净现值<甲方案净现值，则选择甲方案；如果乙方案净现值>甲方案净现值，则选择乙方案。

5.1.4.4 设计方案评价、比选应注意的问题

对设计方案进行评价、比选时需注意以下几点：

(1) 工期的比较。

(2) 采用新技术的分析。

(3) 对产品功能的分析评价。对产品功能的分析评价是技术经济评价内容不能缺少而又常常被忽视的一个指标。必须明确评比对象应在相同功能条件下才有可比性。当参与对比的设计方案功能项目和水平不同时，应对之进行可比性换算，使之满足以下几个方面的可比条件：

① 需要可比；

② 费用消耗可比；

③ 价格可比；

④ 时间可比。

5.1.4.5 设计方案评价、比选对工程造价确定和控制的影响

不同的设计方案工程造价各不相同，必须对多个不同设计方案进行全面的技术经济评价分析，为建设项目投资决策者提供方案比选意见，帮助他们选择最合理的设计方案，才能确保建设项目在经济合理的前提下做到技术先进，从而为合理确定和有效控制工程造价提供前提和条件，最终达到提高工程建设投资效果的目的。

5.2 施工阶段工程造价确定与控制

5.2.1 施工预算概述

施工预算是施工企业为了适应内部管理的需要，按照项目核算的要求，根据施工图纸、施工定额、施工组织设计，考虑挖掘企业内部潜力由施工单位编制的预算技术经济文件。施工预算规定了单位或分部、分项、分层、分段工程的人工、材料、机械台班消耗量。是施工企业加强经济核算、控制工程成本的重要手段。

(1) 施工预算的编制内容

① 计算工程量；

② 套施工定额；

③ 人工、材料、机械台班用量分析和汇总；

④ 进行“两算”对比。

(2) 施工预算的编制依据

① 经过会审的施工图、会审纪要及有关标准图；

② 施工定额；

③ 施工方案；

④ 人工工资标准、机械台班单价、材料价格。

(3) 施工预算的编制方法

① 实物法。根据施工图纸、施工定额，结合施工方案所确定的施工技术措施，算出工程量后，套施工定额，分析人工、材料以及机械台班消耗量。

② 单位估价法。根据施工图纸、施工定额计算出工程量后，再套施工定额，逐项计算出人工费、材料费、机械台班费。

5.2.2 签发施工任务书和限额领料单

用施工预算控制工程成本，是通过向生产班组下达施工任务书和限额领料单来实现的。在施工前，工程项目部向生产班组下达施工任务书和限额领料单，在分部分项工程完工后，按两单结算付酬，从而在基本环节上控制了人工、机械、材料的消耗量。

(1) 施工任务书

根据施工预算，以施工班组为对象，将应完成的工程量项目所需的定额工日数、材料需用量分别填入施工任务书。完工后通过质量验收，记录实耗工日数、材料量，并据此计算劳动报酬。

(2) 限额领料单

以施工班组为对象，根据施工任务书中所完成的各项材料需用量签发限额领料单，材料管理人员根据领料单发料，控制施工中的材料用量，工程结束后，计算实际耗用量，节约有奖，超支扣减酬劳。

5.2.3 成本分析

在施工过程，可以采取分项成本核算分析的方法，找出显著的成本差异，有针对性地采

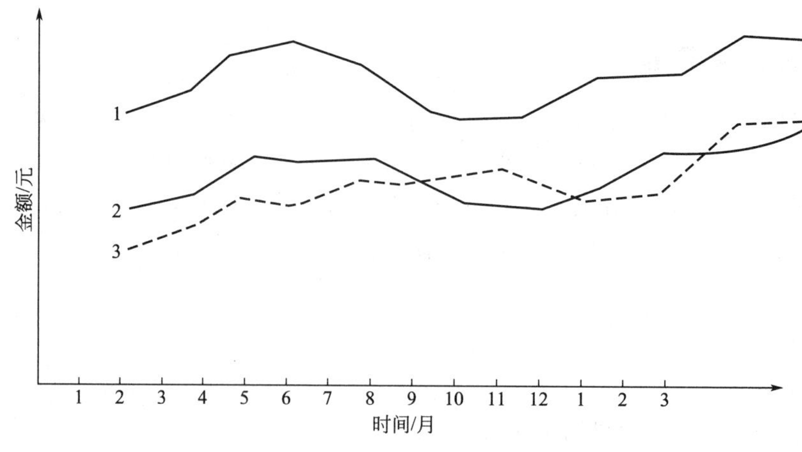

图 5-2 成本控制折线图

取有效措施，努力降低工程成本。

绘制成本控制折线图。将分部分项工程的承包成本、施工预算（计划）成本按时间顺序绘制成本折线图。在成本计划实施的过程中，将发生的实际成本绘在图中，进行比较分析（见图 5-2。）制定分项成本分析表进行比较分析（见表 5-1）。

表 5-1 分项成本分析表

<table>
<tr><th rowspan="3">分部或
分项工程</th><th colspan="3" rowspan="2">计划成本
（施工预算成本）</th><th colspan="3" rowspan="2">实际成本</th><th colspan="4">成本分析</th><th rowspan="3">显著的
成本差异</th></tr>
<tr><th colspan="2">增</th><th colspan="2">减</th></tr>
<tr><th>数量</th><th>单价</th><th>金额</th><th>数量</th><th>单价</th><th>金额</th><th>金额</th><th>单价</th><th>金额</th><th>单价</th></tr>
<tr><td></td><td></td><td></td><td></td><td></td><td></td><td></td><td></td><td></td><td></td><td></td><td></td></tr>
</table>

5.2.3.1 工程人工费的控制

可以从控制支出和按实签证两个方面来着手解决。

(1) 按定额人工费控制施工生产中的人工费，尽量以下达施工任务书的方式承包用工。按预算定额的工日数核算人工费，一般应以一个分部或一个工种为对象来进行。

(2) 产生了合同价款以外的内容，应按实签证。例如，挖基础地方时，出现了埋设在土内的旧管道，这时，拆除废弃管道的用工应单独签证计算；又如，由于建设单位的原因停止了供电，或不能及时供料等原因造成的停工时间，应及时签证。

5.2.3.2 工程材料费的控制

材料费是构成工程成本的主要内容。只要施工单位能控制好材料费的支出，就掌握了降低成本的主动权。材料费的控制应从以下几个方面着手。

(1) 以最佳方式采购材料，努力降低采购成本

① 选择材料价格、采购费用最低的采购地点和渠道；

② 建立长期合作关系的采购方式；

③ 按工程进度计划采购供应材料。

(2) 根据施工实际情况确定材料规格

在施工中，当材料品种确定后，材料规格的选定对节约材料有较重要的意义。

(3) 合理使用周转材料

金属脚手架、模板等周转材料的合理使用，也能达到节约和控制材料费的目的。这一目标可以通过以下几个方面来实现。

一是合理控制施工进度，减少模板的总投入量，应用发挥其周转使用效率。

二是控制好工期，做到不拖延工期或合理提前工期，尽量降低脚手架的占用时间，充分提高周转使用率。

三是做好周转材料的保管、保养工作，及时除锈、防锈，通过延长周转使用次数达到降低摊销费用的目的。

(4) 合理设计施工现场的平面布置

材料堆放场地合理是指，根据现有的条件，合理布置各种材料或构件的堆放地点，尽量不发生或少发生二次搬运费；尽量减少施工损耗和其他损耗。

5.3 竣工决算与工程保修

5.3.1 竣工决算的基本概念

(1) 竣工决算的含义

竣工决算是以实物数量和货币指标为计量单位，综合反映竣工项目从筹建开始到项目竣工交付使用为止的全部建设费用、投资效果和财务情况的总结性文件，是竣工验收报告的重要组成部分。

(2) 竣工决算的作用

① 建设项目竣工决算时综合全面地反映竣工项目建设成果及财务情况的总结性文件。

② 建设项目竣工决算时办理交付使用资产的依据，是竣工验收报告的重要组成部分。

③ 建设项目竣工决算时分析和检查涉及概算的执行情况，考核建设项目管理水平和投资效果的依据。

5.3.2 竣工决算的内容

建设项目竣工决算应包括从筹集到竣工投产全过程的全部实际费用，即包括建筑安装工程费，设备工器具购置费用及预备费等费用。按照财政部、国家发改委和住房和城乡建设部的有关文件规定，竣工决算由竣工财务决算说明书、竣工财务决算报表、工程竣工图和工程竣工造价对比分析四部分组成。其中竣工财务决算说明书和竣工决算报表两部分又称建设项目竣工财务决算，是竣工决算的核心内容。

中央大中型项目、国家确定的重点小型项目竣工财务决算的审批实行“先审核、后审批”的办法。项目建设单位应在项目竣工后3个月内完成竣工财务决算的编制工作，并报主管部门审核。主管部门应对项目建设单位报送的项目竣工财务决算认真审核，严格把关。审核的重点内容：项目是否按规定程序和权限进行立项、可研和初步设计报批工作；建设项目超标准、超规模、超概算投资等问题审核；项目竣工财务决算金额的正确性审核；项目竣工财务决算资料的完整性审核；项目建设过程中存在主要问题的整改情况审核等。

5.3.2.1 竣工财务决算说明书

竣工财务决算说明书主要反映竣工工程建设成果和经验，是对竣工决算报表进行分析和补充说明的文件，是全面考核分析工程投资与造价的书面总结，是竣工决算报告的重要组成部分，其内容主要包括：

① 建设项目概况，对工程总的评价。一般从进度、质量、安全和造价方向进行分析

说明。

② 资金来源及运用等财务分析。主要包括工程价款结算、会计财务的处理、财产物资情况及债权债务的清偿情况。

③ 基本建设收入、投资包干结余、竣工结余资金的上交分配情况。

④ 各项经济技术指标的分析。概算执行情况分析，根据实际投资完成额与概算进行对比分析；新增生产能力的效益分析，说明支付使用财产占总投资额的比例、占支付使用财产的比例，不增加固定资产的造价占投资总额的比例，分析有机构成和成果。

⑤ 工程建设的经验及项目管理和财务管理工作以及竣工财务决算中有待解决的问题。

⑥ 其他需要说明的事项。

5.3.2.2 竣工财务决算报表

建设项目竣工财务决算报表要根据大、中型建设项目和小型建设项目分别制定。大、中型建设项目竣工决算报表包括：建设项目竣工财务决算审批表；大、中型建设项目概况表；大、中型建设项目竣工财务决算表；大、中型建设项目交付使用资产总表；建设项目交付使用资产明细表。小型建设项目竣工财务决算报表包括建设项目竣工财务决算审批表、竣工财务决算总表、建设项目交付使用资产明细表等。

(1) 建设项目竣工财务决算审批表（表5-2）。按照下列要求填报此表：

表 5-2 建设项目竣工财务决算审批表

<table>
<tr><td>建设项目法人
（建设单位）</td><td></td><td>建设性质</td><td></td></tr>
<tr><td>建设项目名称</td><td></td><td>主管部门</td><td></td></tr>
<tr><td colspan="4">开户银行意见：

（盖章）
年 月 日</td></tr>
<tr><td colspan="4">专员办审批意见：

（盖章）
年 月 日</td></tr>
<tr><td colspan="4">主管部门或地方财政部门审批意见：

（盖章）
年 月 日</td></tr>
</table>

① 表中“建设性质”按照新建、改建、扩建、迁建和恢复建设项目等分类填列。

② 表中“主管部门”是指建设单位的主管部门。

③ 所有建设项目均须经过开户银行签署意见后，按照有关要求进行报批；中央级小型项目由主管部门签署审批意见；中央级大、中小型建设项目报所在地财政监察专员办事机构签署意见后，再由主管部门签署意见报财政部审批；地方级项目由同级财政部门签署审批意见。

④ 已具备竣工验收条件的项目，3 个月内应及时填报审批表，如 3 个月不办理竣工验收和固定资产移交手续的视同项目已正式投产，其费用不得从基本建设投资中支付，所实现的收入作为经营收入，不再作为基本建设收入管理。

(2) 大、中型建设项目概况表（表 5-3）。可按照下列要求填写：

表 5-3　大、中型建设项目概况表

<table>
<tr><td>建设项目(单项名称)名称</td><td colspan="2"></td><td>建设地址</td><td colspan="2"></td><td rowspan="9">基本建设支出</td><td>项目</td><td>概算/元</td><td>实际/元</td><td>备注</td></tr>
<tr><td rowspan="2">主要设计单位</td><td colspan="2" rowspan="2"></td><td rowspan="2">主要施工企业</td><td colspan="2" rowspan="2"></td><td>建筑安装工程投资</td><td></td><td></td><td></td></tr>
<tr><td>设备、工具、器皿</td><td></td><td></td><td></td></tr>
<tr><td rowspan="2">占地面积</td><td>设计</td><td>实际</td><td rowspan="2">总投资/万元</td><td>设计</td><td>实际</td><td>待摊投资</td><td></td><td></td><td></td></tr>
<tr><td></td><td></td><td></td><td></td><td>其中:建设单位管理费</td><td></td><td></td><td></td></tr>
<tr><td rowspan="2">新增生产能力</td><td colspan="3">能力(效益)名称</td><td>设计</td><td>实际</td><td>其他投资</td><td></td><td></td><td></td></tr>
<tr><td colspan="3"></td><td></td><td></td><td>待核销基建支出</td><td></td><td></td><td></td></tr>
<tr><td rowspan="2">建设起止时间</td><td>设计</td><td colspan="4">从　年　月开工至　年　月竣工</td><td>非经营项目转出投资</td><td></td><td></td><td></td></tr>
<tr><td>实际</td><td colspan="4">从　年　月开工至　年　月竣工</td><td>合计</td><td></td><td></td><td></td></tr>
<tr><td>设计概算批准文号</td><td colspan="10"></td></tr>
<tr><td rowspan="3">完成主要工程量</td><td colspan="6">建设规模</td><td colspan="4">设备(台、套、吨)</td></tr>
<tr><td colspan="3">设计</td><td colspan="3">实际</td><td>设计</td><td colspan="3">实际</td></tr>
<tr><td colspan="3"></td><td colspan="3"></td><td></td><td colspan="3"></td></tr>
<tr><td rowspan="2">收尾工程</td><td colspan="3">工程项目、内容</td><td colspan="3">已完成投资额</td><td>尚需投资额</td><td colspan="3">完成时间</td></tr>
<tr><td colspan="3"></td><td colspan="3"></td><td></td><td colspan="3"></td></tr>
</table>

① 建设项目名称、建设地址、主要设计单位和主要承包人，要按全称填写。

② 表中各项目的设计、概算、计划等指标，根据批准的设计文件和概算、计划等确定的数字填列。

③ 表中所列新增生产能力、完成主要工程量、主要材料消耗的实际数据，根据建设单位统计资料和承包人提供的有关成本核算资料填列。

④ 表中基建支出是指建设项目从开工起至竣工为止发生的全部基本建设支出，包括形成资产价值的交付使用资产，如固定资产、流动资产、无形资产、其他资产支出，还包括不形成资产价值按照规定应该核销的非经营项目的待核销基建支出和转出投资。上述支出，应根据财政部门历年来批准的“基建投资表”中的有关数据填列。按照财政部印发财基字［1998］4号“关于‘基本建设财务管理若干财务管理若干规定’的通知”，需要注意以下几点：

a. 建筑安装工程投资支出、设备工器具投资支出、待摊投资支出和其他投资支出构成建设项目的建设成本。

b. 待核销基建支出是指非经营项目发生的江河清障、补助群众造林、水土保持、城市绿化、取消项目可行性研究费、项目报废等不能形成资产部分的投资。对于能够形成资产部分的投资，应计入交付使用资产价值。

c. 非经营性项目转出投资支出是指非经营性项目项目配套的专用设施投资，包括专用通讯设施、送变电站、地下通道等，其产权不属于本单位的投资支出，对于产权归属本单位的，应计入交付使用资产价值。

d. 表中“设计概算批准文号”，按最后经批准的日期和文件号填列。

e. 表中收尾工程指全部工程项目验收后尚遗留的少数收尾工程，在表中应明确填写收尾工程内容、完成时间、这部分工程的实际成本，可根据实际情况进行估算并加以说明，完工后不再编制竣工决算。

(3) 大、中型建设项目竣工财务决算表（表5-4）。具体编制方法：

① 资金来源包括基建拨款、项目资本金、项目资本公积金、基建借款、上级拨入投资借款、企业债券资金、待冲基建支出、应付款和未交款以及上级拨入资金和企业留成收入等。

② 表中“交付使用资产”“预算拨款”“自筹资金拨款”“其他拨款”“项目资本”“基建投资借款”“其他借款”等项目，是指自开工建设至竣工的累计数，上述有关指标应根据历年批复的年度基本建设财务决算和竣工年度的基本建设财务决算中资金平衡表相应的数字进行汇总填写。

③ 表中其余项目费用办理竣工验收时的结余数，根据竣工年度财务决算中资金平衡表的有关项目期末数填写。

④ 资金支出反映建设项目从开工准备到竣工全过程资金支出的情况，内容包括基建支出、应收生产单位投资借款、库存器材、货币资金、有价证券和预付及应收款以及拨付所属投资借款和库存固定资产等，资金支出总额应等于资金来源总额。

⑤ 基建结余资金可以按下列公式计算：

基建结余资金＝基建拨款＋项目资本＋项目资本公积金＋基建投资借款＋
企业债券基金＋待冲基建支出－基本建设支出－
应收生产单位投资借款　　(5-3)

(4) 大、中型建设项目交付使用资产总表（表5-5）。该表反映建设项目建成后新增固定资产、流动资产、无形资产和其他资产价值的情况和价值，作为财产交接、检查投资计划完成情况和分析投资效果的依据，小型项目不再编制“交付使用资产总表”而直接编制“交付使用资产明细表”。大、中型项目交付使用资产总表具体编制方法是：

① 表中各栏目数据根据“交付使用明细表”的固定资产、流动资产、无形资产、其他资产的各相应项目的汇总数分别填写，表中总计栏的总计数应与竣工财务决算表中的交付使用资产金额一致。

表 5-4　大、中型建设项目竣工财务决算表　　单位：元

资金来源	金额	资金占用	金额	补充资料
一、基建拨款		一、基本建设支出		1. 基建投资借款期末余款
1. 预算拨款		1. 交付使用资产		
2. 基建基金拨款		2. 在建工程		
其中：国债专项资金拨款		3. 待核销基建支出		
3. 专项建设基金拨款		4. 非经营性项目转出投资		
4. 进口设备转账拨款		二、应收生产单位投资借款		2. 应收生产单位投资借款期末数
5. 器材转账拨款		三、拨付所属投资借款		
6. 煤代油专用基金拨款		四、器材		
7. 自筹资金拨款		其中：待处理器材损失		
8. 其他拨款		五、货币资金		
二、项目资本金		六、预付及应收款		3. 基建结余资金
1. 国家资本		七、有价证券		
2. 法人资本		八、固定资产		
3. 个人资本		固定资产原价		
三、项目资本公积金		减：累计折旧		
四、基建借款		固定资产净值		
其中：国债转贷		固定资产清理		
五、上级拨入投资借款		待处理固定资产损失		
六、企业债券资金				
七、待冲基建支出				
八、应付款				
九、未交款				
1. 未交税金				
2. 其他未交款				
十、上级拨入资金				
十一、留成收入				
合计		合计		

表 5-5　大、中型建设项目交付使用资产总表　　单位：元

序号	单项工程项目名称	总计	固定资产				流动资产	无形资产	其他资产
			合计	建安工程	设备	其他			

交付单位：　　　　负责人：　　　　　　接收单位：　　　　负责人：

盖章　　年　　月　　日　　　　　　　盖　　章　　年　　月　　日

② 表中第 3 栏、第 4 栏、第 8、9、10 栏的合计数，应分别与开竣工财务决算表交付使用的固定资产、流动资产、无形资产和其他资产的数据相符。

(5) 建设项目交付使用资产明细表（表 5-6）

表 5-6 建设项目交付使用资产明细表

单项工程名称	建筑工程			设备、工具、器皿、家具					流动资产		无形资产		其他资产	
结构	面积/m^2	价值/元	名称	规格型号	单位	数量	价值/元	设备安装费/元	名称	价值/元	名称	价值/元	名称	价值/元

① 表中“建筑工程”项目应按单项工程名称填列其结构、面积和价值。其中“结构”是指项目按钢结构、钢筋混凝土结构、混合结构等结构形式填写；面积则按各项目实际完成面积填列；价值按交付使用资产的实际价值填写。

② 表中“固定资产”部分要在逐顶盘点后，根据盘点实际情况填写，工具、器具和家具等低值易耗品可以分类填写。

③ 表中“流动资产”“无形资产”“其他资产”项目应根据建设单位实际交付的名称和价值分别填列。

(6) 小型建设项目竣工财务决算总表（表 5-7）。由于小型建设项目内容比较简单，因此可将工程概况与财务情况合并编制一张“竣工财务决算总表”，该表主要反映小型建设项目的全部工程和财务情况。具体编制时可参照大、中型建设项目概况表指标和大、中型建设项目竣工财务决算表相应指标内容填写。

5.3.2.3 建设工程竣工图

建设工程竣工图是真实地记录各种地上、地下建筑物、构筑物等情况的技术文件，是工程进行交工验收、维护、改建和扩建的依据，是国家的重要技术档案。为确保竣工图纸量，必须在施工过程中及时做好隐蔽工程检查记录，整理好设计变更文件。编制竣工图的形式和深度，应根据不同情况区别对待，具体要求有：

① 凡按原设计施工图竣工没有变动时，由施工单位在原施工图上加盖“竣工图”标志后，即作为竣工图。

表 5-7　小型建设项目竣工财务决算总表

<table>
<tr><td>建设项目名称</td><td colspan="2"></td><td colspan="3">建设地址</td><td colspan="2"></td><td colspan="2">资金来源</td><td colspan="2">资金运用</td></tr>
<tr><td>初步设计概算批准文号</td><td colspan="7"></td><td>项目</td><td>金额/元</td><td>项目</td><td>金额/元</td></tr>
<tr><td rowspan="3">占地面积</td><td>计划</td><td>实际</td><td rowspan="3">总投资/万元</td><td colspan="2">计划</td><td colspan="2">实际</td><td>一、基建拨款其中：预算拨款</td><td></td><td>一、交付使用资产</td><td></td></tr>
<tr><td></td><td></td><td>固定资产</td><td>流动资金</td><td>固定资产</td><td>流动资金</td><td>二、项目资本</td><td></td><td>二、待核销基建支出</td><td></td></tr>
<tr><td></td><td></td><td></td><td></td><td></td><td></td><td>三、项目资本公积</td><td></td><td>三、非经营项目转出投资</td><td></td></tr>
<tr><td rowspan="2">新增生产能力</td><td colspan="2">能力(效益)名称</td><td colspan="2">设计</td><td colspan="3">实际</td><td>四、基建借款</td><td></td><td rowspan="2">四、应收生产单位投资借款</td><td rowspan="2"></td></tr>
<tr><td colspan="2"></td><td colspan="2"></td><td colspan="3"></td><td>五、上级拨入借款</td><td></td></tr>
<tr><td rowspan="2">建设起止时间</td><td colspan="2">计划</td><td colspan="5">从　年　月开工
至　年　月竣工</td><td>六、企业债券资金</td><td></td><td>五、拨付所属投资借款</td><td></td></tr>
<tr><td colspan="2">实际</td><td colspan="5">从　年　月开工
至　年　月竣工</td><td>七、待冲基建支出</td><td></td><td>六、器材</td><td></td></tr>
<tr><td rowspan="8">基建支出</td><td colspan="4">项目</td><td colspan="2">概算/元</td><td>实际/元</td><td>八、应付款</td><td></td><td>七、货币资金</td><td></td></tr>
<tr><td colspan="4">建筑安装工程</td><td colspan="2"></td><td></td><td rowspan="2">九、未付款
其中：
未交基建收入
未交包干收入</td><td rowspan="2"></td><td>八、预付及应收款</td><td></td></tr>
<tr><td colspan="4">设备　工具　器具</td><td colspan="2"></td><td></td><td>九、有价证券</td><td></td></tr>
<tr><td colspan="4">待摊投资
其中：建设单元管理费</td><td colspan="2"></td><td></td><td>十、上级拨入资金</td><td></td><td>十、原有固定资产</td><td></td></tr>
<tr><td colspan="4">其他投资</td><td colspan="2"></td><td></td><td>十一、留成收入</td><td></td><td></td><td></td></tr>
<tr><td colspan="4">待核销基建支出</td><td colspan="2"></td><td></td><td rowspan="2"></td><td rowspan="2"></td><td rowspan="2"></td><td rowspan="2"></td></tr>
<tr><td colspan="4">非经营性项目转出投资</td><td colspan="2"></td><td></td></tr>
<tr><td colspan="4">合计</td><td colspan="2"></td><td></td><td>合计</td><td></td><td>合计</td><td></td></tr>
</table>

② 凡在施工过程中，虽有一般性设计变更，但能将原施工图加以修改补充作为竣工图的，可不重新绘制，由施工单位负责在原施工图（必须是新蓝图）上注明修改的部分，并附以设计变更通知单和施工说明，加盖“竣工图”标志后，作为竣工图。

③ 凡结构形式改变、施工工艺改变、平面布置改变、项目改变以及有其他重大改变，不宜再在原施工图上修改、补充时，应由原设计单位重新绘制改变后的竣工图；施工单位负责在新图上加盖“竣工图”标志，并附以有关记录和说明，作为竣工图。

④ 为了满足竣工验收和竣工决算需要，还应绘制反映竣工工程全部内容的工程设计平面示意图。

⑤ 重大的改建、扩建工程项目涉及原有的工程项目变更时，应将相关项目的竣工图资料统一整理归档，并在原图案卷内增补必要的说明。

5.3.2.4 工程造价对比分析

在实际工作中，应主要分析以下内容：

(1) 主要实物工程量

对于实物工程量出入比较大的情况，必须查明原因。

(2) 主要材料消耗量

考核主要材料消耗量，要按照竣工决算表中所列明的三大材料实际超概算的消耗量，查明是在工程的哪个环节超出量最大，再进一步查明超耗的原因。

(3) 考核建设单位管理费、措施费和间接费的取费标准

建设单位管理费、措施费和间接费的取费标准要按照国家和各地的有关规定，根据竣工决算报表中所列的建设单位管理费与概预算所列的建设单位管理费数额进行比较，依据规定查明是否多列或少列的费用项目，确定其节约或超支的数额，并查明原因。

5.3.3 竣工决算的编制

(1) 竣工决算的编制依据

① 经批准的可行性研究报告、投资估算书，初步设计或扩大初步设计，修正总概算及其批复文件。

② 经批准的施工图设计及其施工图预算书。

③ 设计交底或图纸会审会议纪要。

④ 设计变更记录、施工记录或施工签证单及其他施工发生的费用记录。

⑤ 招标控制价，承包合同、工程结算等有关资料。

⑥ 历年基建计划、历年财务决算及批复文件。

⑦ 设备、材料调价文件和调价记录。

⑧ 有关财务核算制度、办法和其他有关资料。

(2) 竣工决算的编制步骤

① 收集、整理和分析有关依据资料。系统地整理所有的技术资料、工料结算的经济文件、施工图纸和各种变更与签证资料。

② 清理各项财务、债务和结余物资。

③ 核实工程变动情况。

④ 编制建设工程竣工决算说明。

⑤ 填写竣工决算报表。

⑥ 做好工程造价对比分析。

⑦ 清理、装订好竣工图。

⑧ 上报主管部门审查存档。

将上述编写的文字说明和填写的表格经核对无误，装订成册，即为建设工程竣工决算文件。将其上报主管部门审查，并把其中财务成本部分送交开户银行签证。竣工决算在上报主管部门的同时，抄送有关设计单位。大中型建设项目的竣工决算还应抄送财政部、建设银行总行和省、市、自治区的财政局和建设银行分行各 1 份。建设工程竣工决算的文件，由建设单位负责组织人员编写，在竣工建设项目办理验收使用 1 个月之内完成。

5.3.4 新增资产价值的确定

5.3.4.1 新增资产价值的分类

建设项目竣工投入运营后，所花费的总投资形成相应的资产。按照新的财务制度和企业会计准则，新增资产按资产性质可分为固定资产、流动资产、无形资产和其他资产等四大类。

5.3.4.2 新增资产价值的确定方法

(1) 新增固定资产价值的确定

新增固定资产价值是建设项目竣工投产后所增加的固定资产的价值，它是以价值形态表示的固定资产投资最终成果的综合性指标。新增固定资产价值的计算是以独立发挥生产能力的单项工程为对象的。新增固定资产价值的内容包括：已投入生产或交付使用的建筑、安装工程造价；达到固定资产标准的设备、工器具的购置费用；增加固定资产价值的其他费用。

(2) 新增流动资产价值的确定

流动资产是指可以在一年内或者超过一年的一个营业周期内变现或者运用的资产，包括现金及各种存款以及其他货币资金、短期投资、存货、应收及预付款项以及其他流动资产等。

① 货币性资金。货币性资金是指现金、各种银行存款及其他货币资金，其中现金是指企业的库存现金，包括企业内部各部门用于周转使用的备用金；各种存款是指企业的各种不同类型的银行存款；其他货币资金是指除现金和银行存款以外的其他货币资金，根据实际入账价值核定。

② 应收及预付款项。应收账款是指企业因销售商品、提供劳务等应向购货单位或受益单位收取的款项；预付款项是指企业按照购货合同预付给供货单位的购货定金或部分货款。应收及预付款项包括应收票据、应收款项、其他应收款、预付货款和待摊费用。一般情况下，应收及预付款项按企业销售商品、产品或提供劳务时的实际成交金额入账核算。

③ 短期投资包括股票、债券、基金。

④ 存货。存货是指企业的库存材料、在产品、产成品等。

(3) 新增无形资产价值的确定

无形资产是指企业拥有或者控制的没有实物形态的可辨认非货币性资产。无形资产的计价原则：

① 投资者按无形资产作为资本金或者合作条件投入时，按评估确认或合同协议约定的金额计价；

② 购入的无形资产，按照实际支付的价款计价；

③ 企业自创并依法申请取得的，按开发过程中的实际支出计价；

④ 企业接受捐赠的无形资产，按照发票账单所载金额或者同类无形资产市场价作价；

⑤ 无形资产计价入账后，应在其有效使用期内分期摊销，即企业为无形资产支出的费用应在无形资产的有效期内得到及时补偿。

5.3.5 保修费用的处理

(1) 工程质量保证（保修）金的含义

建设工程质量保证（保修）金是指发包人与承包人在建设工程承包合同中约定，从应付的工程款中预留，用以保证承包人在缺陷责任期内对建设工程出现的缺陷进行维修的资金。缺陷是指建设工程质量不符合工程建设强制标准、设计文件，以及承包合同的约定。缺陷责任期一般为6个月、12个月或24个月，具体可由发、承包双方在合同中约定。

由于发包人原因导致工程无法按规定期限竣（交）工验收的，在承包人提交竣（交）工验收报告90天后，工程自动进入缺陷责任期。

(2) 工程质量保修范围和内容

发、承包双方在工程质量保修书中约定的建设工程的保修范围包括：地基基础工程、主体结构工程，屋面防水工程、有防水要求的卫生间、房间和外墙面的防渗漏，供热与供冷系统，电气管线、给排水管道、设备安装和装修工程，以及双方约定的其他项目。

(3) 工程质量保证（保修）金的预留、使用及管理

① 保证（保修）金的预留。建设工程竣工结算后，发包人应按照合同约定及时向承包人支付工程结算价款并预留保证金。全部或者部分使用政府投资的建设项目，按工程价款结算总额5%左右的比例预留保证金。社会投资项目采用预留保证金方式的，预留保证金的比例可以参照执行。

监理人应从第一个付款周期开始，在发包人的进度付款中，按专用合同条款的约定扣留质量保证金，直至扣留的质量保证金总额达到专用合同条款约定的金额或比例为止。质量保证金的计算额度不包括预付款的支付、扣回以及价格调整的金额。

② 保证（保修）金的使用及返还。经查明属承包人原因造成的，应由承包人负责维修，并承担修复和查验的费用。经查明属发包人原因造成的，发包人应承担修复和查验的费用，并支付承包人合理利润。经查明属他人原因造成的缺陷，发包人负责组织维修，承包人不承担费用，且发包人不得从保证金中扣除费用。

由于承包人原因造成某项缺陷或损坏使某项工程或工程设备不能按原定目标使用而需要再次检查、检验和修复的，发包人有权要求承包人相应延长缺陷责任期，但缺陷责任期最长不超过2年。此延长的期限终止后14天内，由监理人向承包人出具经发包人签认的缺陷责任期终止证书，并退还剩余的质量保证金。

缺陷责任期内，承包人认真履行合同约定的责任，到期后，承包人向发包人申请返还保证金。发包人在接到承包人返还保证金申请后，应于14日内会同承包人按照会同约定的内容进行核实。如无异议，发包人应当在核实后14日内将保证金返还承包人，逾期支付的，从逾期之日起，按照同期银行贷款利率计付利息，并承担违约责任。

③ 保证（保修）金的管理。缺陷责任期内，实行国库集中支付的政府投资项目，保证金的管理应按国库集中支付的有关规定执行。其他政府投资项目，保证金可以预留在财政部门或发包方。缺陷责任期内，如发包方被撤销，保证金随交付使用资产一并移交使用单位，

由使用单位代行发包人职责。

社会投资项目采用预留保证金方式的，发、承包双方可以约定将保证金交由金融机构托管；采用工程质量保证担保、工程质量保险等其他方式的，发包人不得再预留保证金，并按照有关规定执行。

第6章 建设工程招投标与合同价款的确定

6.1 建设工程招标与投标

6.1.1 招标投标的概念

建设项目招标投标是国际上广泛采用的业主择优选择工程承包商的主要交易方式。招标的目的是为计划兴建的工程项目选择适当的承包商，将全部工程或其中某一部分工作委托这个（些）承包商负责完成。承包商则通过投标竞争，决定自己的生产任务和销售对象，也就是使产品得到社会的承认，从而完成生产计划并实现盈利计划。为此承包商必须具备一定的条件，才有可能在投标竞争中获胜，为业主所选中。这些条件主要是一定的技术、经济实力和管理经验，足能胜任承包的任务、效率高、价格合理以及信誉良好。

6.1.2 建设工程招标的范围

《中华人民共和国招标投标法》规定，在中华人民共和国境内，下列工程建设项目包括项目的勘察、设计、施工、监理以及工程建设有关的重要设备、材料等的采购，必须进行招标：

① 大型基础设施、公用事业等社会公共利益、公共安全的项目；

② 全部或者部分使用国家资金投资或者国家融资的项目；

③ 使用国际组织或者外国政府贷款、援助资金的项目。

6.1.3 建设工程招标的分类

建设工程招标内容如图 6-1 所示。

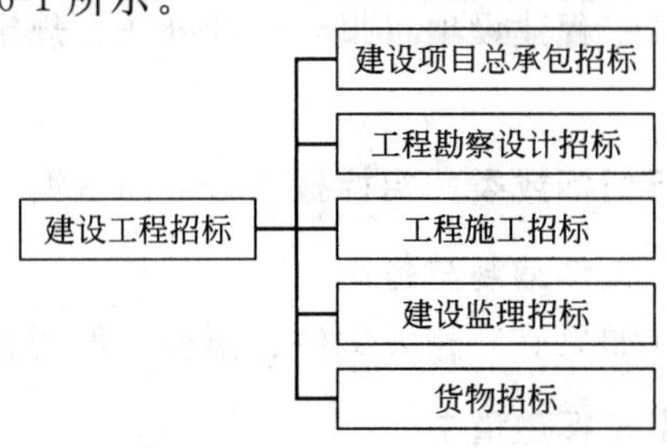

图 6-1　建设工程招标内容

建设项目总承包招标，又叫建设项目全过程招标，在国外称之为“交钥匙工程”招标，它是指从项目建议书开始，包括可行性研究报告、勘察设计、设备材料询价与采购、工程施工、生产准备、投料试车，直至竣工投产、交付使用过程实行招标。

工程勘察设计招标，是指业主就拟建工程的勘察和设计任务以法定方式吸引勘察单位和设计单位参加竞争，经业主审查获得投标资格的勘察、设计单位，按照招标文件的要求，在规定的时间内向招标单位填报投标书，业主从中择优确定承包商完成工程勘察或设计任务。

工程施工招投标是业主针对工程施工阶段的内容进行的招标，根据工程施工范围的大小及专业不同，可分为全部工程招标、单项工程招标和专业工程招标等。

建设监理招标，是业主通过招标选择监理承包商的行为。

货物招标，是业主针对设备、材料供应及设备安装调试等工作进行的招标。

6.1.4 招标方式和招标工作的组织

(1) 招标方式

建设工程的招标方式分为公开招标和邀请招标两种。依法可以不进行施工招标的建设项目，经过批准后可以不通过招标的方式直接将建设项目授予选定承包商。

① 公开招标。公开招标，是指业主以招标公告的方式邀请不特定的法人或其他组织投标。

② 邀请招标。邀请招标，是指业主以投标邀请书的方式邀请特定的法人或者其他组织投标。

依法可以采用邀请招标的建设项目，必须经过批准后方可进行邀请招标。业主应当向3家以上具备承担施工招标项目的能力、资信良好的特定的法人或其他组织发出投标邀请书。

(2) 招标工作的组织

招标工作的组织方式有两种。一种是业主自行组织，另一种是招标代理机构组织。招标代理机构与行政机关和其他国家机关不得存在隶属关系或者其他利益关系。

6.1.5 建设工程招标投标程序

6.1.5.1 建设工程施工招标投标程序

建设工程公开招标程序，如图6-2所示。

(1) 建设工程项目报建

各类房屋建设（包括新建、改建、扩建、翻建、大修等）、土木工程（包括道路、桥梁、房屋基础打桩）、设备安装、管道线路敷设、装饰装修等建设工程在项目的立项批准文件或年度投资计划下达后，按照《工程建设项目报建管理办法》规定具备条件的，须向建设行政主管部门报建备案。

(2) 提出招标申请，自行招标或委托招标报主管部门备案

(3) 资格预审文件、招标文件编制与备案

招标单位进行资格预审（如果有）相关文件、招标文件的编制报行政主管部门备案。

(4) 刊登招标公告或发出投标邀请书

招标人采用公开招标方式的，应当发布招标公告，在国家指定的报刊和信息网络上

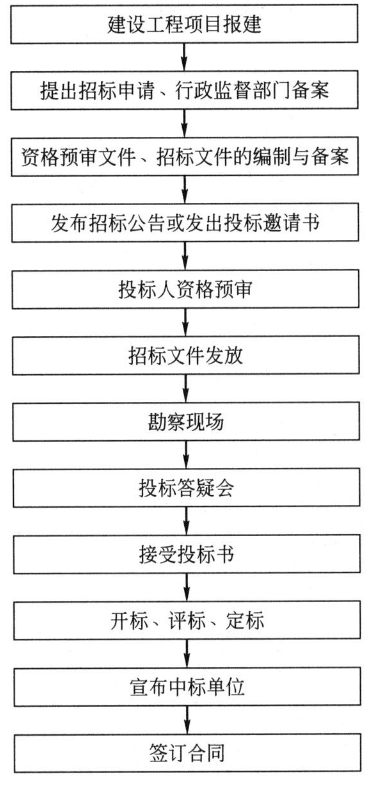

图 6-2 建设工程施工公开招标程序

发布。

采用邀请招标方式的，招标人应当向三家以上具备承担施工招标项目的能力、资信良好的特定的法人或其他组织发出投标邀请书。

(5) 资格审查

资格审查分为资格预审和资格后审。资格预审，是指在投标前对潜在投标人进行的资格审查。资格后审，是指在开标后对投标人进行的资格审查。经资格后审不合格的投标人的投标应作废标处理。

(6) 招标文件发放

招标单位对招标文件所做的任何修改或补充，须在投标截止时间至少 15 日前，发给所有获得招标文件的投标单位，修改或补充内容作为招标文件的组成部分。投标单位收到招标文件后，若有疑问或不清的问题需澄清解释，应在收到招标文件后 7 日内以书面形式向招标单位提出，招标单位应以书面形式或投标预备会形式予以解答。

(7) 勘察现场

为使投标单位获取关于施工现场的必要信息，在投标预备会的前 1～2 天，招标单位应组织投标单位进行现场勘察。

(8) 投标答疑会

① 收到投标单位提出的疑问问题后，以书面形式进行解答，并将解答同时送达所有获得招标文件的投标单位。

② 收到提出的疑问问题后，通过投标答疑会进行解答，并以会议纪要形式同时送达所有获得招标文件的投标单位。

(9) 接受投标书

投标人应当在招标文件要求提交投标文件的截止时间前，将投标文件密封送达投标地点。投标人少于 3 个的，招标人应当依法重新招标。在招标文件要求提交投标文件的截止时间后送达的投标文件，招标人应当拒收。投标人在招标文件要求提交投标文件的截止时间前，可以补充、修改或者撤回已提交的投标文件，并书面通知招标人。

(10) 开标、评标、定标。

(11) 宣布中标单位。

(12) 签订合同。

6.1.5.2 建设工程货物招标投标程序

建设工程货物招标程序，如图 6-3 所示。

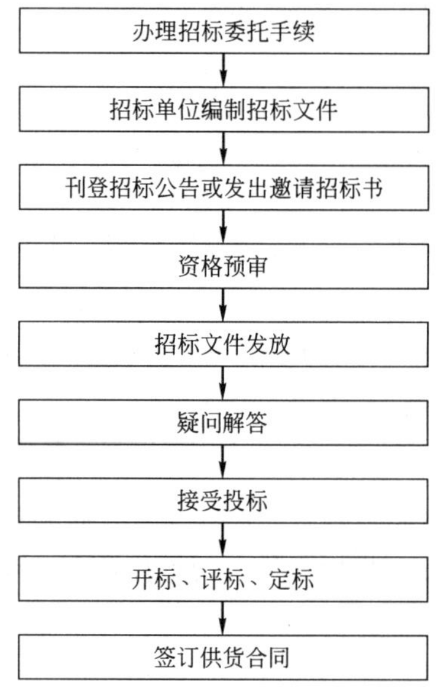

图 6-3 货物招标程序

6.1.6 招标文件的组成与内容

6.1.6.1 建设工程施工招标文件的组成与内容

(1) 投标须知

主要包括的内容有：前附表；总则；工程概况；招标范围及基本要求情况；招标文件解释、修改、答疑等有关内容；对投标文件的组成、投标报价、递交、修改、撤回等有关内容的要求；标底的编制方法和要求；评标机构的组成和要求；开标的程序、有效性界定及其他有关要求；评标、定标的有关要求和方法；授予合同的有关程序和要求；其他需要说明的有关内容。

（2）合同主要条款

主要包括的内容有：所采用的合同文本；质量要求；工期的确定及顺延要求；安全要求；合同价款与支付办法；材料设备的采购与供应；工程变更的价款确定方法和有关要求；竣工验收与结算的有关要求；违约、索赔、争议的有关处理办法；其他需要说明的有关条款。

（3）投标文件格式

对投标文件的有关内容的格式做出具体规定。

（4）工程量清单

采用工程量清单招标的，应当提供详细的工程量清单。《建设工程工程量清单计价规范》规定：工程量清单有分部分项工程量清单、措施项目清单、其他项目清单、规费项目清单、税金项目清单组成。

（5）技术条款

主要说明建设项目执行的质量验收规范、技术标准、技术要求等有关内容。

（6）设计图纸

招标项目的全部有关设计图纸。

（7）评标标准和方法

评标标准和方法中，应该明确规定所有的评标因素，以及如何将这些因素量化或者据以进行评估。在评标过程中，不得改变这个评标标准、方法和中标条件。

（8）投标辅助教材

招标文件要求提交的其他辅助教材。

6.1.6.2 工程建设项目货物招标文件的组成与内容

（1）招标文件的组成

① 投标须知；

② 投标文件格式；

③ 技术规格、参数及其他要求；

④ 评标标准和方法；

⑤ 合同主要条款。

（2）招标文件编写应遵循的主要规定

① 应当在招标文件中规定实质性要求和条件，说明不满足其中任何一项实质性要求和条件的投标将被拒绝，并用醒目的方式标明；没有标明的要求和条件在评标时不得作为实质性要求和条件。对于非实质性要求和条件，应该规定允许偏差的最大范围、最高项数，以及对这些偏差进行调整的方法。

② 允许中标人对非主体设备、材料进行分包的，应当在招标文件中载明。

③ 招标文件规定的各项技术规格应当符合国家技术法规的规定。不得含有倾向或者排斥潜在投标人的其他内容。

6.2 招标控制价的编制

招标控制价是指由业主根据国家或省级、行业建设主管部门颁发的有关计价依据和办法按设计施工图纸计算的，对招标工程限定的最高工程造价。有的省、市又称为拦标价、最高限价、预算控制价、最高报价值。

6.2.1 招标控制价的编制原则

(1) 招标控制价应具有权威性

(2) 招标控制价应具有完整性

招标控制价应由分部分项工程费、措施项目费、其他项目费、规费、税金以及一定范围内的风险费用组成。

(3) 招标控制价与招标文件的一致性

(4) 招标控制价的合理性

招标控制价格作为业主进行工程造价控制的最高限额，应力求与建筑市场的实际情况相吻合，要有利于竞争和保证工程质量。

(5) 一个工程只能编制一个招标控制价

这一原则体现了招标控制价的唯一性原则，也同时体现了招标中的公正性原则。

6.2.2 招标控制价的编制依据

招标控制价应根据下列依据编制：

①《建设工程工程量清单计价规范》；

② 国家或省级、行业建设主管部门颁发的计价定额和计价办法；

③ 建设工程设计文件及相关资料；

④ 拟定的招标文件及招标工程量清单；

⑤ 与建设项目相关的标准、规范、技术资料；

⑥ 施工现场情况、工程特点及常规施工方案；

⑦ 工程造价管理机构发布的工程造价信息，工程造价信息没有发布的，参照市场价；

⑧ 其他的相关资料。

6.2.3 招标控制价的编制方法

招标控制价的编制方法与招标文件的内容要求有关。如果采用以往的施工图预算模式招标，则招标控制价也应该按照施工图预算的计算方法来编制。如果采用工程量清单模式招标，则招标控制价的编制就应该按照工程量清单报价的方法来编制。

(1) 分部分项工程费计价

分部分项工程费计价，是招标控制价编制的主要内容和工作。其实质就是综合单价的组价问题。

在编制分部分项工程量清单计价表时，项目编码、项目名称、项目特征、计量单位、工程数量应该与招标文件中的分部分项工程量清单的内容完全一致，特别是不得增加项目、不得减少项目、不得改变工程数量的大小。

根据《建设工程工程量清单计价规范》的规定，综合单价是指完成一个规定计量单位的分部分项工程量清单项目或措施项目所需的人工费、材料费、施工机械使用费、管理费和利润，以及一定范围内风险费用。

① 不同定额表现形式的组价方法

a. 用综合单价（基价）表现形式的组价；

b. 用消耗量定额和价目表表现形式的组价。

②《建设工程工程量清单计价规范》规定的与定额计价法规定的计量单位及工程量计算规则不同时的组价方法。由于《建设工程工程量清单计价规范》对项目的设置是对实体工程项目划分，因而规定的计量单位、工程量计算规则包含内容比较全面，而预算定额（消耗量定额）对项目的划分往往比较单一，有的项目按《建设工程工程量清单计价规范》包含的内容也无法编制。因此，造成《建设工程工程量清单计价规范》的规定与定额计价法在计量单位、工程量计算规则上的不完全一致。例如，门、窗工程，《建设工程工程量清单计价规范》规定的计量单位为“樘”时，计算规则为“按设计图示数量计算”，在工程量清单中对工程内容的描述可能包括门窗制作、运输、安装，五金、玻璃安装，刷防护材料、油漆等。如果按《建设工程工程量清单计价规范》的规定来编制预算定额（消耗量定额），其项目划分将因门窗的规格大小、使用的材质，五金的种类，玻璃的种类、厚度，防护材料、油漆的种类、刷漆遍数等不同的组合，不知要列多少项目。因此，预算定额（消耗定额量）一般将门窗的制作安装、玻璃安装、油漆分别列项，计量单位用“平方米”计量，以满足门窗工程的需要。相应的，用此组成工程量清单项目的综合单价就需要进行一些换算。

（2）措施项目费计价

措施项目组价方法一般有两种：

① 用综合单价形式的组价。这种组价方式主要用于混凝土、钢筋混凝土模板及支架、脚手架、施工排水、降水等，其组价方法与分部分项工程量清单项目相同。

② 用费率形式的组价。这种组价方式主要用于措施费用的发生和金额的大小与使用时间、施工方法或者两个以上工序相关，与实际完成的实体工程量的多少关系不大的措施项目，如安全文明施工费，大型机械进出场及安拆费等，编制人应按照工程造价管理机构的规定计算。

（3）其他项目费组价

① 暂列金额应按照有关计价规定，根据工程结构、工期等估算。

② 暂估价中的材料单价应根据工程造价信息或参照市场价格估算并计入综合单价；暂估价中的专业工程金额应分为不同专业，按有关计价规定估算。

③ 计日工应根据工程特点和有关计价依据计算。

④ 总承包服务费应根据招标文件列出的内容和要求按有关计价规定估算。

（4）规费与税金的计取

规费与税金应按照国家或省级、国务院部委有关建设主管部门规定的费率计取。

（5）需要考虑的有关因素

① 招标控制价必须符合目标工期的要求，对提前工期所采取的措施因素应有所反映，即按提前工期的天数给出必要的赶工费。

② 招标控制价必须保证满足招标方的质量要求，对高于国家施工验收规范的质量因素应有所反映。

③ 招标控制价要适应建筑材料市场价格的变化因素，可列出清单，随同招标文件，供投标时参考，并在编制招标控制价时考虑材料差价方面的因素。

④ 招标控制价应合理考虑招标工程的自然地理条件等因素，将由于自然条件导致施工不利因素而增加的费用计入招标控制价内。

6.2.4 招标控制价的管理

(1) 招标控制价的复核

招标控制价复核的主要内容为：

① 承包工程范围、招标文件规定的计价方法及招标文件的其他有关条款。

② 工程量清单单价组成分析：人工、材料、机械台班费、管理费、利润、风险费用以及主要材料数量等。

③ 计日工单价等。

④ 规费和税金的计取等。

(2) 招标控制价的公布和备查

① 招标控制价应在招标时公布，不应上调或下浮。

② 招标人应将招标控制价及有关资料报送工程所在地工程造价管理机构备查。

(3) 招标控制价的投诉与处理

① 投标人经复核认为招标人公布的招标控制价未按照本规范（GB 50500）的规定进行编制的，应在开标前5天向招投标监督机构或（和）工程造价管理机构投诉。

② 招投标监督机构应会同工程造价管理机构对投诉进行处理，发现确有错误的，应责成招标人修改。

6.3 合同价款的确定

6.3.1 工程合同价款的约定方式

(1) 通过招标，选定中标人决定合同价

这是工程建设项目发包适应市场机制、普遍采用的一种方式。《中华人民共和国招标投标法》规定：经过招标、评标、决标后自中标通知书发出之日起30日内，招标人与中标人应根据招投标文件订立书面合同。其中标价就是合同价。合同内容包括：

① 双方的权利、义务；

② 施工组织计划和工期；

③ 质量与验收；

④ 合同价款与支付；

⑤ 竣工与结算；

⑥ 争议的解决；
⑦ 工程保险等。

(2) 以施工图预算为基础，发包方与承包方通过协商谈判决定合同价

这一方式主要适用于抢险工程、保密工程、不宜进行招标的工程以及依法可以不进行招标的工程项目，合同签订的内容同上。

6.3.2 工程合同价款的约定

业主、承包商应当在合同条款中除约定合同价外，一般对下列有关工程合同价款的事项进行约定：

① 预付工程款的数额、支付时间及抵扣方式；
② 工程计量与支付工程进度款的方式、数额及时间；
③ 工程价款的调整因素、方法、程序、支付及时间；
④ 索赔与现场签证的程序、金额确认与支付时间；
⑤ 发生工程价款纠纷的解决方法与时间；
⑥ 承担风险的内容、范围以及超出约定内容、范围的调整方法；
⑦ 工程竣工价款结算编制与核对、支付及时间；
⑧ 工程质量保证（保修）金的数额、预扣方式及时间；
⑨ 与履行合同、支付价款有关的其他事项。

招标工程合同预定的内容不得违背招投标文件的实质性内容。招标文件与中标人投标文件不一致的地方，签订合同时，以投标文件为准。

6.4 工程索赔

6.4.1 工程索赔的概念

工程索赔是指在合同履行过程中，对于并非自己的过错，而是应由对方承担责任的情况造成的实际损失向对方提出经济补偿和（或）时间补偿的要求。

对于施工合同的双方来说，索赔是维护自身合法利益的权利。它同合同条件中双方的合同责任一样，构成严密的合同制约关系。承包商可以向业主提出索赔，业主也可以向承包商提出索赔。本节主要结合合同和价款结算办法讨论承包商向业主的索赔。

索赔的性质属于经济补偿行为，而不是惩罚。称为“索补”可能更容易被人们所接受，工程实际中一般多称为“签证申请”。只有先提出了“索”才有可能“赔”，如果不提出“索”就不可能有“赔”。

6.4.2 索赔的起因

(1) 由现代承包工程的特点引起

现代承包工程的特点是工程量大、投资大、结构复杂、技术和质量要求高、工期长等等。再加上工程环境因素、市场因素、社会因素等影响工期和工程成本。

(2) 合同内容的有限性

施工合同是在工程开始前签订的，不可能对所有问题做出预见和规定，对所有的工程问题做出准确的说明。

(3) 应业主要求

业主可能会在建筑造型、功能、质量、标准、实施方式等方面提出合同以外的要求。

(4) 各承包商之间的相互影响

往往完成一个工程需若干个承包商共同工作。由于管理上的失误或技术上的原因，当一方失误不仅会造成自己的损失，而且还会殃及其他合作者，影响整个工程的实施。因此，在总体上应按合同条件，平等对待各方利益，坚持"谁过失，谁赔偿"的原则进行索赔。

(5) 对合同理解的差异

由于合同文件十分复杂，内容又多，再加双方看问题的立场和角度不同，会造成对合同权利和义务的范围界限划分的理解不一致，造成合同上的争执，引起索赔。

6.4.3 索赔的条件

索赔是受损失者的权力，其根本目的在于保护自身利益，挽回损失，避免亏本。要想取得索赔的成功，提出索赔要求必须符合以下基本条件：

(1) 客观性

是指客观存在不符合合同或违反合同的干扰事件，并对承包商的工期和成本造成影响。这些干扰事件还要有确凿的证据证明。

(2) 合法性

当施工过程产生的干扰，非承包商自身责任引起时，按照合同条款对方应给予补偿。

索赔要求必须符合本工程施工合同的规定。合同法律文件，可以判定干扰事件的责任由谁承担、承担什么样责任、应赔偿多少等。

(3) 合理性

是指索赔要求合情合理，符合实际情况，真实反映由于干扰事件引起的实际损失、采用合理的计算方法等。

承包商不能为了追求利润，滥用索赔，或者采用不正当手段搞索赔，否则会产生以下不良影响：

(1) 合同双方关系紧张，互不信任，不利于合同的继续实施和双方的进一步合作。

(2) 承包商信誉受损，不利于将来的继续经营活动。

(3) 会受到处罚。在工程施工中滥用索赔，对方会提出反索赔的要求。如果索赔违反法律，还会受到相应的法律处罚。

6.4.4 索赔的分类

6.4.4.1 按发生索赔的原因分类

由于发生索赔的原因很多，根据工程施工索赔实践，通常有：

① 增加（或减少）工程量索赔；
② 地基变化索赔；
③ 工期延长索赔；
④ 加速施工索赔；
⑤ 不利自然条件及人为障碍索赔；
⑥ 工程范围变更索赔；
⑦ 合同文件错误索赔；
⑧ 工程拖期索赔；
⑨ 暂停施工索赔：
⑩ 终止合同索赔；
⑪ 设计图纸拖交索赔；
⑫ 拖延付款索赔；
⑬ 物价上涨索赔；
⑭ 业主风险索赔；
⑮ 特殊风险索赔；
⑯ 不可抗拒天灾索赔；
⑰ 业主违约索赔；
⑱ 法令变更索赔等。

6.4.4.2 按索赔的目的分类

就施工索赔的目的而言，施工索赔有以下两类的范畴，即工期索赔和经济索赔。

（1）工期索赔

工期索赔就是承包商向业主要求延长施工的时间，使原定的工程竣工日期顺延一段合理的时间。

（2）经济索赔

经济索赔就是承包商向业主要求补偿不应该由承包商自己承担的经济损失或额外开支，也就是取得合理的经济补偿。有时，人们将索赔具体地称为“费用索赔”。

承包商取得经济补偿的前提是：在实际施工过程中发生的施工费用超过了投标报价书中该项工作所预算的费用；而这些费用超支的责任不在承包商方面，也不属于承包商的风险范围。具体地说，施工费用超支的原因，主要来自两种情况：一是施工受到了干扰，导致工作效率降低；二是业主指令工程变更或额外工程，导致工程成本增加。由于这两种情况所增加的施工费用，即新增费用或额外费用，承包商有权索赔。因此，经济索赔有时也被称为额外费用索赔，简称为费用索赔。

6.4.4.3 按索赔的合同依据分类

（1）合同规定的索赔

合同规定的索赔是指承包商所提出的索赔要求，在该工程项目的合同文件中有文字依据，承包商可以据此提出索赔要求，并取得经济补偿。这些在合同文件中有文字规定的合同条款，在合同解释上被称为明示条款，或称为明文条款。

(2) 非合同规定的索赔

非合同规定的索赔亦被称为“超越合同规定的索赔”，即承包商的该项索赔要求，虽然在工程项目的合同条件中没有专门的文字叙述，但可以根据该合同条件的某些条款的含义，推论出承包商有索赔权。这一种索赔要求，同样有法律效力，有权得到相应的经济补偿。这种有经济补偿含义的合同条款，在合同管理工作中被称为“默示条款”，或称为“隐含条款”。

(3) 道义索赔

这是一种罕见的索赔形式，是指通情达理的业主目睹承包商为完成某项困难的施工，承受了额外费用损失，因而出于善良意愿，同意给承包商以适当的经济补偿。

6.4.4.4 按索赔的有关当事人分类

(1) 工程承包商同业主之间的索赔

这是承包施工中最普遍的索赔形式。在工程施工索赔中，最常见的是承包商向业主提出的工期索赔和经济索赔；有时，业主也向承包商提出经济补偿的要求，即“反索赔”。

(2) 总承包商同分包商之间的索赔

总承包商是向业主承担全部合同责任的签约人，其中包括分包商向总承包商所承担的那部分合同责任。

总承包商和分包商，按照他们之间所签订的分包合同，都有向对方提出索赔的权利，以维护自己的利益，获得额外开支的经济补偿。

分包商向总承包商提出的索赔要求，经过总承包商审核后，凡是属于业主方面责任范围内的事项，均由总承包商汇总加工后向业主提出；凡属总承包商责任的事项，则由总承包商同分包商协商解决。有的分包合同规定：所有的属于分包合同范围内的索赔，只有当总承包商从业主方面取得索赔款后，才拨付给分包商。这是对总承包商有利的保护性条款，在签订分包合同时，应由签约双方具体商定。

(3) 承包商同供货商之间的索赔

承包商在中标以后，根据合同规定的机械设备和工期要求，向设备制造厂家或材料供应商询价订货，签订供货合同。如果供货商违反供货合同的规定，使承包商受到经济损失时，承包商有权向供货商提出索赔，反之亦然。承包商同供货商之间的索赔，一般称为“商务索赔”，无论施工索赔或商务索赔，都属于工程承包施工的索赔范围。

6.4.4.5 按索赔的处理方式分类

(1) 单项索赔

单项索赔就是采取一事一索赔的方式，即在每一件索赔事项发生后，报送索赔通知书，编报索赔报告书，要求单项解决支付，不与其他的索赔事项混在一起。

单项索赔是施工索赔通常采用的方式。它避免了多项索赔的相互影响制约，所以解决起来比较容易。

(2) 综合索赔

综合索赔又称总索赔，俗称一揽子索赔。即对整个工程（或某项工程）中所发生的数起索赔事项，综合在一起进行索赔。

采取这种方式进行索赔，是在特定的情况下被迫采用的一种索赔方法。

综合索赔也就是总成本索赔，它是对整个工程（或某项工程）的实际总成本与原预算成本之差额提出索赔。

采取综合索赔时，承包商必须事前征得工程师的同意，并提出以下证明：

① 承包商的投标报价是合理的；

② 实际发生的总成本是合理的；

③ 承包商对成本增加没有任何责任；

④ 不可能采用其他方法准确地计算出实际发生的损失数额。

6.4.4.6 按索赔的对象分类

索赔是指承包商向业主提出的索赔。

反索赔是指业主向承包商提出的索赔。

6.4.5 索赔的基本程序及其规定

6.4.5.1 索赔的基本程序

在工程项目施工阶段，每出现一个索赔事件，都应按照国家有关规定、国际惯例和工程项目合同条件的规定，认真及时地协商解决，一般索赔程序如图 6-4 所示。

6.4.5.2 索赔时限的规定

(1) 业主未能按合同约定履行自己的各项义务或发生错误以及应由业主承担责任的其他情况，造成工期延误和（或）承包商不能及时得到合同价款及承包商的其他经济损失，承包商可按下列程序以书面形式向业主索赔：

① 索赔事件发生后 28 天内，向监理（业主）发出索赔意向通知；

② 发出索赔意向通知后 28 天内，向监理（业主）提出补偿经济损失和（或）延长工期的索赔报告及有关资料；

③ 监理（业主）在收到承包商送交的索赔报告和有关资料后，于 28 天内给予答复，或要求承包商进一步补充索赔理由和证据；

④ 监理（业主）在收到承包商送交的索赔报告和有关资料后 28 天内未予答复或未对承包商作进一步要求，视为该项索赔已经认可；

⑤ 当该索赔事件持续进行时，承包商应当阶段性地向监理（业主）发出索赔意向，在索赔事件终了后 28 天内，向监理（业主）送交索赔的有关资料和最终索赔报告。索赔答复程序与③、④规定相同。

(2) 承包商未能按合同约定履行自己的各项义务或发生错误，给业主造成经济损失，业主也按以上的时限向承包商提出索赔。

双方如果在合同中对索赔的时限有约定的从其约定。

6.4.6 索赔证据和索赔文件

6.4.6.1 索赔证据

(1) 对索赔证据的要求

① 真实性。

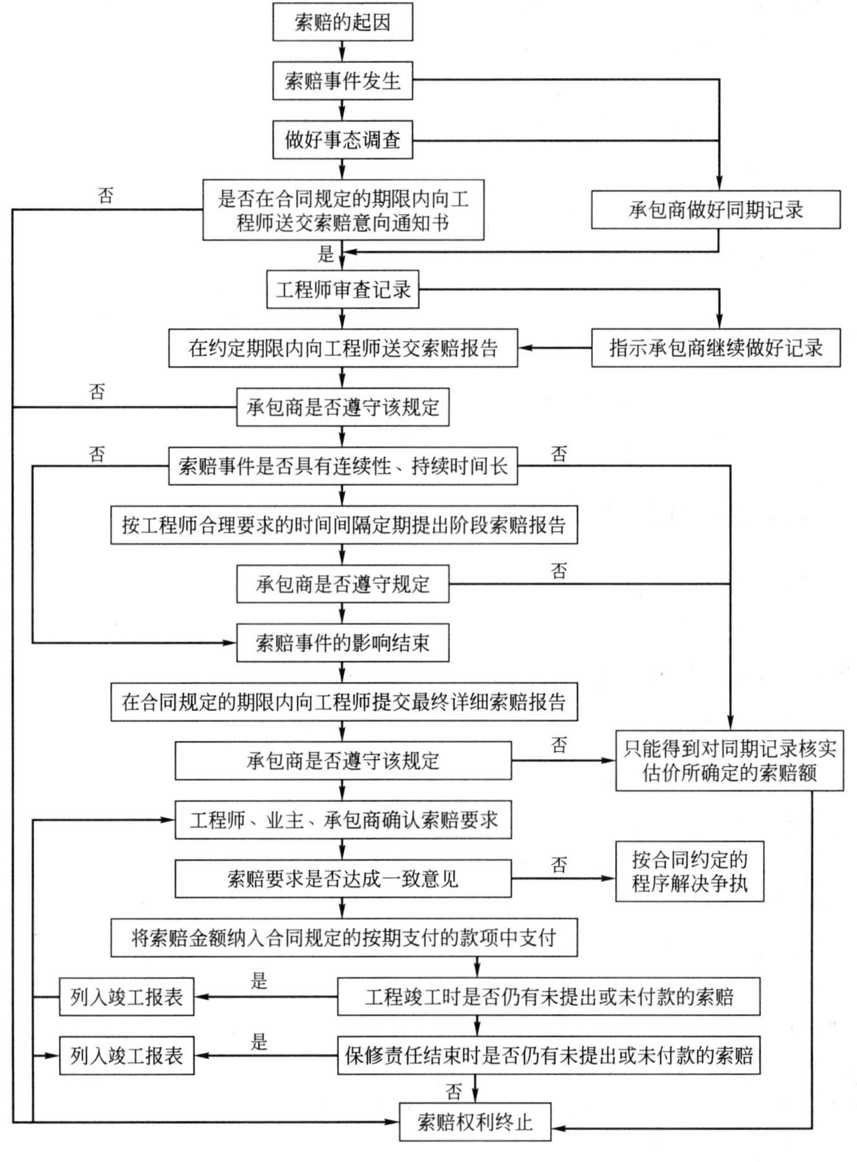

图 6-4　索赔程序图

② 全面性。

③ 关联性。

④ 及时性。

⑤ 具有法律证明效力。一般要求证据必须是书面文件，有关记录、协议、纪要必须是双方签署的；工程中重大事件、特殊情况的记录、统计必须由工程师签证认可。

(2) 索赔证据的种类

① 招标文件、工程合同及附件、业主认可的施工组织设计、工程图纸、技术规范等。

② 工程各项有关的设计交底记录、变更图纸、变更施工指令等。

③ 工程各项经业主或工程师签认的签证。

④ 工程各项往来信件、指令、信函、通知、答复等。

⑤ 工程各项会议纪要。

⑥ 施工计划及现场实施情况记录。

⑦ 施工日报及工长工作日志、备忘录。

⑧ 工程送电、送水、道路开通、封闭的日期及数量记录。

⑨ 工程停电、停水和干扰事件影响的日期及恢复施工的日期。

⑩ 工程预付款、进度款拨付的数额及工期记录。

⑪ 工程图纸、图纸变更、交底记录的送达份数及日期记录。

⑫ 工程有关施工部位的照片及录像等。

⑬ 工程现场气候记录，有关天气的温度、风力、雨雪等。

⑭ 工程验收报告及各项技术鉴定报告等。

⑮ 工程材料采购、订货、运输、进场、验收、使用等方面的凭据。

⑯ 工程会计核算资料。

⑰ 国家和省、市有关影响工程造价、工期的文件、规定等。

6.4.6.2 索赔文件

索赔文件通常包括三个部分：

(1) 索赔信

索赔信是一封承包商致业主或其代表的简短的信函，应包括以下内容：

① 说明索赔事件；

② 列举索赔理由；

③ 提出索赔金额与工期；

④ 附件说明。

整个索赔信是提纲挈领的材料，它把其他材料贯通起来。

(2) 索赔报告

索赔报告是索赔材料的正文，其结构一般包含三个主要部分。首先是报告的标题，其次是事实与理由，最后是损失计算与要求赔偿金额及工期。

一般要注意：

① 索赔事件要真实、证据确凿，令对方无可推却和辩驳。对事件叙述要清楚明确，避免使用“可能”、“也许”等估计猜测性语言，造成索赔说服力不强。

② 计算索赔值要合理、准确。要将计算的依据、方法、结果详细说明列出，这样易于对方接受，减少争议和纠纷。

③ 责任分析要清楚。一般索赔所针对的事件都是由于非承包商责任而引起的，因此，在索赔报告中必须明确对方负全部责任，而不可用含糊的语言，这样会丧失自己在索赔中的有利地位，使索赔失败。

④ 要强调事件的不可预见性和突发性，说明承包商对它不可能有准备，也无法预防，并且承包商为了避免和减轻该事件影响和损失已尽了最大的努力，采取了能够采取的措施，从而使索赔理由更加充分，更易于对方接受。

⑤ 明确阐述由于干扰事件的影响，使承包商的工程施工受到严重干扰，并为此增加了支出，拖延了工期，表明干扰事件与索赔有直接的因果关系。

⑥ 索赔报告书写用语应尽量婉转，避免使用强硬、不客气的语言，否则会给索赔带来

不利的影响。

（3）附件

① 索赔报告中所列举事实、理由、影响等的证明文件和证据。

② 详细计算书，这是为了主宰索赔金额的真实性而设置的，为了简明可以大量选用图表。

6.4.7 承包商索赔的主要内容

（1）业主未能按合同约定的内容和时间完成应该做的工作

当业主未能按《建设工程施工合同（示范文本）》（GF-1999-0201，简称“合同”，下同）专用条款第 8.1 款约定的内容和时间完成应该做的工作，导致工期延误或给承包商造成损失的，承包商可以进行工期索赔或损失费用索赔。工期确认时间根据合同通用条款第 13.2 款约定为 14 天。

（2）监理（业主）指令错误

因监理（业主）指令错误发生的追加合同价款和给承包商造成的损失、延误的工期，承包商可以根据合同通用条款第 6.2 款的约定进行费用、损失费用和工期索赔。

（3）监理（业主）未能及时向承包商提供所需指令、批准因监理（业主）未能按合同约定，及时向承包商提供所需指令、批准并履行约定的其他义务时，承包商可以根据合同通用条款第 6.3 款的约定进行费用、损失费用和工期索赔。工期确认时间根据合同通用条款第 13.2 款约定为 14 天。

（4）业主未能按合同约定时间提供图纸

因业主未能按合同专用条款第 4.1 款约定提供图纸，承包商可以根据合同通用条款第 13.1 款的约定进行工期索赔。发生费用损失的，还可以进行费用索赔。工期确认时间根据合同通用条款第 13.2 款约定为 14 天。

（5）延期开工

① 承包商可以根据合同通用条款第 11.1 款的约定向监理（业主）提出延期开工的申请，申请被批准则承包商可以进行工期索赔。监理（业主）的确认时间为 48 小时。

② 业主根据合同通用条款第 11.2 款的约定要求延期开工，承包商可以进行因延期开工造成的损失和工期索赔。

（6）地质条件发生变化

当开挖过程中遇到文物和地下障碍物时，承包商可以根据合同通用条款第 43 条的约定进行费用、损失费用和工期索赔。

当业主没有完全履行告知义务，开挖过程中遇到地质条件显著异常与招标文件描述不同时，承包商可以根据合同通用条款第 36.2 款的约定进行费用、损失费用和工期索赔。

当开挖后地基需要处理时，承包商应该按照设计院出具的设计变更单进行地基处理。

承包商按照设计变更单的索赔程序进行费用、损失费用和工期的索赔。

（7）暂停施工

因业主原因造成暂停施工时，承包商可以根据合同通用条款第 12 条的约定进行费用、损失费用和工期索赔。

(8) 因非承包商原因一周内停水、停电、停气造成停工累计超过 8 小时

承包商可以根据合同通用条款第 13.1 款的约定要求进行工期索赔。工期确认时间根据合同通用条款第 13.2 款约定为 14 天。能否进行费用索赔视具体的合同约定而定。

(9) 不可抗力

发生合同通用条款第 39.1 款及专用条款第 39.1 款约定的不可抗力，承包商可以根据合同通用条款第 39.3 款的约定进行费用、损失费用和工期索赔。工期确认时间根据合同通用条款第 13.2 款约定为 14 天。

因业主一方迟延履行合同后发生不可抗力的，不能免除其迟延履行的相应责任。

(10) 检查检验

监理（业主）对工程质量的检查检验不应该影响施工正常进行。如果影响施工正常进行，承包商可以根据合同通用条款第 16.3 款的约定进行费用、损失费用和工期索赔。

(11) 重新检验

当重新检验时检验合格，承包商可以根据合同通用条款第 18 条的约定进行费用、损失费用和工期索赔。

(12) 工程变更和工程量增加

因工程变更引起的工程费用增加，按前述工程变更的合同价款调整程序处理。造成实际的工期延误和因工程量增加造成的工期延长，承包商可以根据合同通用条款第 13.1 款的约定要求进行工期索赔。工期确认时间根据合同通用条款第 13.2 款约定为 14 天。

(13) 工程预付款和进度款支付

工程预付款和进度款没有按照合同约定的时间支付，属于业主违约。承包商可以按照合同通用条款第 24 条、第 26 条及专用条款第 24 条、第 26 条的约定处理，并按专用条款第 35.1 款的约定承担违约责任。

(14) 业主供应的材料设备

业主供应的材料设备，承包商按照合同通用条款第 27 条及专用条款第 27 条的约定处理。

(15) 其他

合同中约定的其他顺延工期和业主违约责任，承包商视具体合同约定处理。

6.4.8 索赔费用的组成和计算方法

6.4.8.1 索赔款的主要组成部分

索赔时可索赔费用的组成部分，同施工承包合同价所包含的组成部分一样，包括直接费、间接费和利润。具体内容如图 6-5 所示。

在工程索赔的实践中，以下几项费用一般是不允许索赔的：

① 承包商对索赔事项的发生原因负有责任的有关费用；

② 承包商对索赔事项未采取减轻措施因而扩大的损失费用；

③ 承包商进行索赔工作的准备费用；

④ 索赔款在索赔处理期间的利息；

⑤ 工程有关的保险费用，索赔事项涉及的一些保险费用，如工程一切险、工人事故保

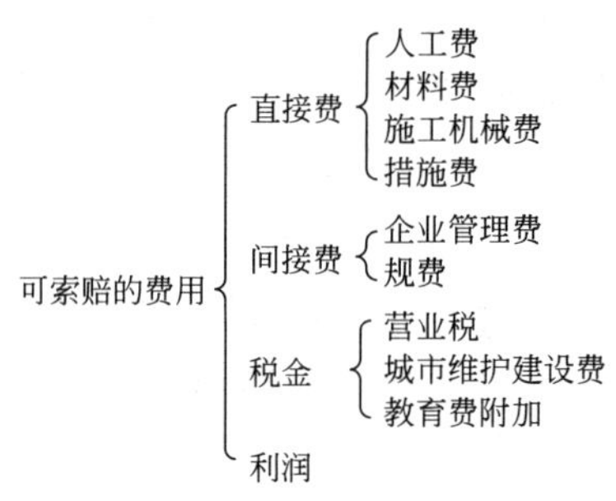

图 6-5　可索赔费用的组成部分

险、第三方保险等费用，均在计算索赔款时不予考虑，除非在合同条款中另有规定。

6.4.8.2　工期索赔的计算

（1）比例法

因业主原因影响的工期，通常可直接作为工期的延长天数。但是，当提供的条件能满足部分施工时，应按比例法来计算工期索赔值。

（2）相对单位法

工程的变更必然会引起劳动量的变化，可以用劳动量相对单位法来计算工期索赔天数。

（3）网络分析法

网络分析法是通过分析干扰事件发生前后的网络计划，对比两种工期的计算结果，计算出索赔工期。

（4）平均值计算法

平均值计算法是通过计算业主对各个分项工程的影响程度，然后得出应该索赔工期的平均值。

6.4.8.3　费用索赔计算

（1）总费用法

总费用法是一种较简单的计算方法。其基本思路是，按现行计价规定计算索赔值，另外也可按固定总价合同转化为成本加酬金合同，即以承包商的额外成本为基础加上管理费和利润、税金等作为索赔值。

使用总费用法计算索赔值应符合以下几个条件：

① 合同实施过程中的总费用计算是准确的；工程成本计算符合现行计价规定；成本分摊方法、分摊基础选择合理；实际成本与索赔报价成本所包括的内容应一致。

② 承包商的索赔报价是合理的，反映实际情况。

③ 费用损失的责任，或干扰事件的责任与承包商无任何关系。

（2）分项法

分项法是按每个或每类干扰事件引起费用项目损失分别计算索赔值的方法。

（3）因素分析法

因素分析法亦称连环替代法。为了保证分析结果的可比性，应将各指标按客观存在的经济关系，分解为若干因素指标连乘形式。

6.4.9 业主反索赔的内容与特点

反索赔的目的是维护业主方面的经济利益。为了实现这一目的，需要进行两方面的工作。首先，要对承包商的索赔报告进行评论和反驳，否定其索赔要求，或者削减索赔款额。其次，对承包商的违约之处，提出进一步的经济赔偿要求——反索赔，以抗衡承包商的索赔要求。

(1) 对承包商履约中的违约责任进行索赔

主要是针对承包商在工期、质量、材料应用、施工管理等方面对违反合同条款的有关内容进行索赔。

(2) 对承包商所提出的索赔要求进行评审、反驳与修正

一方面是对无理的索赔要求进行有理的驳斥与拒绝；另一方面在肯定承包商具有索赔权前提下，业主和工程师要对承包商提出的索赔报告进行详细审核，对索赔款的各个部分逐项审核、查对单据和证明文件，确定哪些不能列入索赔款额，哪些款额偏高，哪些在计算上有错误和重复。通过检查，削减承包商提出的索赔款额，使其更加准确。

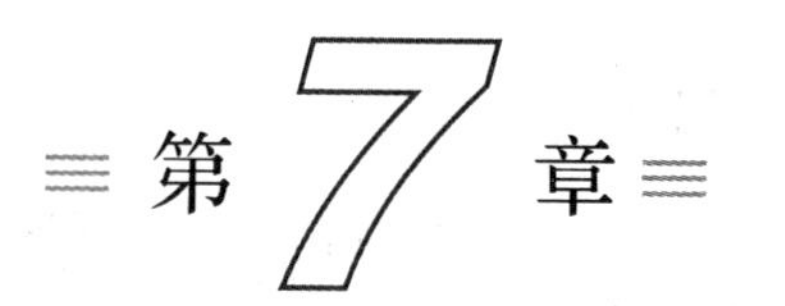

第7章 安装工程费用的计取

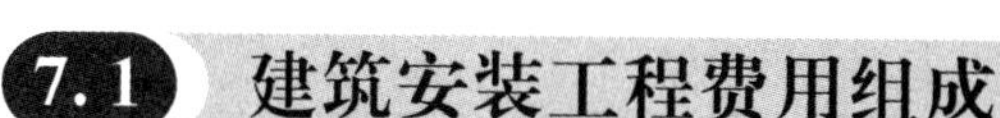

7.1 建筑安装工程费用组成

7.1.1 建筑安装工程费用构成概述

建筑安装工程费用组成如图 7-1 所示。

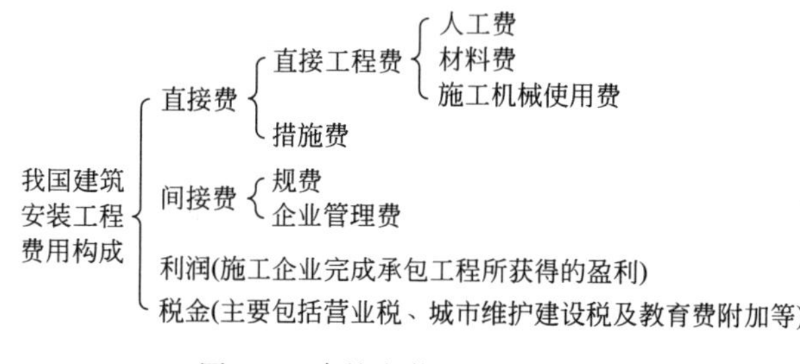

图 7-1　建筑安装工程费用组成

7.1.2 直接费

(1) 直接工程费

是指施工过程中耗费的构成工程实体的各项费用。包括人工费、材料费、施工机械使用费。见表 7-1。

表 7-1　直接工程费的组成

	组成内容	构成要素	计算公式	备注
直接工程费	人工费	人工工日消耗量、人工日工资单价	Σ(工日消耗量×日工资单价)	人工工日消耗量由基本用工和其他用工组成
	材料费	材料消耗量、材料基价和检验试验费	Σ(材料消耗量×材料基价)+检验试验费	材料消耗量包括材料净用量和不可避免的损耗量
	施工机械使用费	施工机械台班消耗量、机械台班单价	Σ(施工机械台班消耗量×机械台班单价)	施工机械使用费是施工机械作业所发生的机械使用费及机械安拆费和场外运费

① 人工费：是指直接从事建筑安装工程施工的生产工人开支的各项费用，内容包括：

a. 基本工资：是指发放给生产工人的基本工资。

b. 工资性补贴：是指按规定标准发放的物价补贴，煤、燃气补贴，交通补贴，住房补贴，流动施工津贴等。

c. 生产工人辅助工资：是指生产工人年有效施工天数以外非作业天数的工资，包括职工学习、培训期间的工资，调动工作、探亲、休假期间的工资，因气候影响的停工工资，女工哺乳时间的工资，病假在六个月以内的工资及产、婚、丧假期的工资。

d. 职工福利费：是指按规定标准计提的职工福利费。

e. 生产工人劳动保护费：是指按规定标准发放的劳动保护用品的购置费及修理费，徒工服装补贴，防暑降温费，在有碍身体健康环境中施工的保健费用等。

② 材料费：是指施工过程中耗费的构成工程实体的原材料、辅助材料、构配件、零件、半成品的费用。内容包括：

a. 材料原价（或供应价格）。

b. 材料运杂费：是指材料自来源地运至工地仓库或指定堆放地点所发生的全部费用。

c. 运输损耗费：是指材料在运输装卸过程中不可避免的损耗。

d. 采购及保管费：是指为组织采购、供应和保管材料过程中所需要的各项费用。包括：采购费、仓储费、工地保管费、仓储损耗。

e. 检验试验费：是指对建筑材料、构件和建筑安装物进行一般鉴定、检查所发生的费用，包括自设试验室进行试验所耗用的材料和化学药品等费用。不包括新结构、新材料的试验费和建设单位对具有出厂合格证明的材料进行检验，对构件做破坏性试验及其他特殊要求检验试验的费用。

③ 施工机械使用费：是指施工机械作业所发生的机械使用费以及机械安拆费和场外运费。

a. 折旧费：指施工机械在规定的使用年限内，陆续收回其原值及购置资金的时间价值。

b. 大修理费：指施工机械按规定的大修理间隔台班进行必要的大修理，以恢复其正常功能所需的费用。

c. 经常修理费：指施工机械除大修理以外的各级保养和临时故障排除所需的费用。包括为保障机械正常运转所需替换设备与随机配备工具附具的摊销和维护费用，机械运转中日常保养所需润滑与擦拭的材料费用及机械停滞期间的维护和保养费用等。

d. 安拆费及场外运费：安拆费指施工机械在现场进行安装与拆卸所需的人工、材料、机械和试运转费用以及机械辅助设施的折旧、搭设、拆除等费用；场外运费指施工机械整体或分体自停放地点运至施工现场或由一施工地点运至另一施工地点的运输、装卸、辅助材料及架线等费用。

e. 人工费：指机上司机（司炉）和其他操作人员的工作日人工费及上述人员在施工机械规定的年工作台班以外的人工费。

f. 燃料动力费：指施工机械在运转作业中所消耗的固体燃料（煤、木柴）、液体燃料（汽油、柴油）及水、电等。

g. 养路费及车船使用税：指施工机械按照国家规定和有关部门规定应缴纳的养路费、车船使用税、保险费及年检费等。

（2）措施费

是指为完成工程项目施工，发生于该工程施工前和施工过程中非工程实体项目的费用。

主要包括：环境保护费，文明施工费，安全施工费，临时设施费，夜间照明费，二次搬运费，大型机械设备进出场及安拆费，混凝土、钢筋混凝土模板及支架费，脚手架费，已完工程及设备保护费，施工排水、降水费。主要措施费的计算见表 7-2。

表 7-2 主要措施费的计算

措施项目	计算	
临时设施费	[周转使用临建费＋一次性使用临建费)×(1＋其他临时设施所占比例(%)]	周转使用临建费＝$\sum\left[\dfrac{\text{临建面积}\times\text{每平方米造价}}{\text{使用年限}\times 365\times\text{利用率}(\%)}\times\text{工期(天)}\right]$＋一次性拆除费
		一次性使用临建费＝Σ{临建面积×每平方米造价×[1－残值率(%)]}＋一次性拆除费
混凝土、钢筋混凝土模板及支架费	自有模板及支架费	模板及支架费＝模板摊销量×模板价格＋支、拆、运输费 模板摊销量＝一次使用量×(1＋施工损耗)×$\left[\dfrac{1+(\text{周转次数}-1)\times\text{补损率}}{\text{周转次数}}-\dfrac{(1-\text{补损率})\times 50\%}{\text{周转次数}}\right]$
	租赁模板及支架费	模板使用量×使用日期×租赁价格＋支、拆、运输费
脚手架费	自有脚手架	脚手架费＝脚手架摊销量×脚手架价格＋搭、拆、运输费 脚手架摊销量＝$\dfrac{\text{单位一次使用量}\times(1-\text{残值率})}{\text{耐用期}\div\text{一次使用期}}$
	租赁脚手架	脚手架每日租金×搭设周期＋搭、拆、运输费

7.1.3 间接费

(1) 规费

是指政府和有关权力部门规定必须缴纳的费用（简称规费）。包括：

① 工程排污费：是指施工现场按规定缴纳的工程排污费。

② 工程定额测定费：是指按规定支付工程造价（定额）管理部门的定额测定费。

③ 社会保障费：养老保险费、失业保险费、医疗保险费。

④ 住房公积金：是指企业按规定标准为职工缴纳的住房公积金。

⑤ 危险作业意外伤害保险：是指按照建筑法规定，企业为从事危险作业的建筑安装施工人员支付的意外伤害保险费。

(2) 企业管理费

是指建筑安装企业组织施工生产和经营管理所需费用。

① 管理人员工资：是指管理人员的基本工资、工资性补贴、职工福利费、劳动保护费等。

② 办公费：是指企业管理办公用的文具、纸张、账表、印刷、邮电、书报、会议、水电、烧水和集体取暖（包括现场临时宿舍取暖）用煤等费用。

③ 差旅交通费：是指职工因公出差、调动工作的差旅费、住勤补助费，市内交通费和误餐补助费，职工探亲路费，劳动力招募费，职工离退休、退职一次性路费，工伤人员就医路费，工地转移费以及管理部门使用的交通工具的油料、燃料、养路费及牌照费。

④ 固定资产使用费：是指管理和试验部门及附属生产单位使用的属于固定资产的房屋、设备仪器等的折旧、大修、维修或租赁费。

⑤ 工具用具使用费：是指管理使用的不属于固定资产的生产工具、器具、家具、交通工具和检验、试验、测绘、消防用具等的购置、维修和摊销费。

⑥ 劳动保险费：是指由企业支付离退休职工的易地安家补助费、职工退职金、六个月以上的病假人员工资、职工死亡丧葬补助费、抚恤费、按规定支付给离休干部的各项经费。

⑦ 工会经费：是指企业按职工工资总额计提的工会经费。

⑧ 职工教育经费：是指企业为职工学习先进技术和提高文化水平，按职工工资总额计提的费用。

⑨ 财产保险费：是指施工管理用财产、车辆保险。

⑩ 财务费：是指企业为筹集资金而发生的各种费用。

⑪ 税金：是指企业按规定缴纳的房产税、车船使用税、土地使用税、印花税等。

⑫ 其他：包括技术转让费、技术开发费、业务招待费、绿化费、广告费、公证费、法律顾问费、审计费、咨询费等。

7.1.4 利润

是指施工企业完成所承包工程获得的盈利。

7.1.5 税金

国家税法规定的应计入建筑安装工程造价内的营业税、城市维护建设税及教育费附加等。

7.2 安装工程费用标准与计取

7.2.1 安装工程费用标准

7.2.1.1 费用标准适用范围

安装工程费用标准适用于工业与民用新建、扩建的安装工程。包括：机械设备安装、电气设备安装、工艺管道、给排水、采暖、燃气、通风空调、自动化控制装置及仪表、工艺金属结构、炉窑砌筑、热力设备安装、化学工业设备安装、非标设备制作工程以及上述工程的刷油、绝热、防腐蚀工程。

7.2.1.2 安装工程费用标准（包工包料）

安装工程费用标准见表7-3。

表7-3 安装工程费用标准

序号	费用项目	计费基数	费用标准/%		
			一类工程	二类工程	三类工程
1	直接费	—	—		
2	企业管理费	直接费中人工费＋机械费	28	20	16
3	利润		12	11	8
4	规费		18.5 （房18.3）		
5	价款调整	按合同确认的方式、方法计算			
6	税金	(1＋2＋3＋4＋5)×3.48%、3.41%、3.28%			

7.2.1.3 安装工程类别划分

(1) 一类工程

① 台重35t及其以上的各类机械设备（不分整体或解体）以及自动、半自动或程控机床，引进设备。

② 自动、半自动电梯，输送设备以及起重质量50t及以上的起重设备及相应的轨道安装。

③ 净化、超净、恒温和集中空调设备及其空调系统。

④ 自动化控制装置和仪表安装工程。

⑤ 砌体总实物量在$50m^3$及以上的炉窑、塔、设备砌筑工程和耐热、耐酸碱砌体衬里。

⑥ 热力设备（蒸发量10t/h以上的锅炉）及其附属设备。

⑦ 1000kV·A以上的变配电设备。

⑧ 化工制药和炼油装置。

⑨ 各种压力容器的制作和安装。

⑩ 煤气发生炉、制氧设备、制冷量231.6kW·h以上的制冷设备、高中压空气压缩机、污水处理设备及其配套的气柜、储罐、冷却塔等。

⑪ 焊口有探伤要求的厂区（室外）工艺管道、热力管网、煤气管网、供水（含循环水）管网及厂区（室外）电缆敷设工程。

⑫ 附属于本类型工程各种设备的配管、电气安装和调试及刷油、绝热、防腐蚀等工程。

⑬ 一类建筑工程的附属设备、照明、采暖、通风、给排水及消防等工程。

(2) 二类工程

① 台重35t以下的各类机械设备（不分整体或解体）。

② 小型杂物电梯，起重质量50t以下的起重设备及相应的轨道安装。

③ 蒸发量10t/h及其以下的低压锅炉安装。

④ 1000kV·A及其以下的变配电设备。

⑤ 工艺金属结构，一般容器的制作和安装。

⑥ 焊口无探伤要求的厂区（室外）工艺管道、热力管网、供水（含循环水）管网。

⑦ 共用天线安装和调试。

⑧ 低压空气压缩机，乙炔发生设备，各类泵，供热（换热）装置以及制冷量231.6kW·h及其以下的制冷设备。

⑨ 附属于本类型工程各种设备的配管、电气安装和调试及刷油、绝热、防腐蚀等工程。

⑩ 砌体总实物量在$20m^3$及以上的炉窑、塔、设备砌筑工程和耐热、耐酸碱砌体衬里。

⑪ 二类建筑工程的附属设备、照明、采暖、通风、给排水等工程。

(3) 三类工程

① 除一、二类工程以外均为三类工程。

② 三类建筑工程的附属设备、照明、采暖、通风、给排水等工程。

说明：上述单位工程中同时安装两台或两台以上不同类型的热力设备、制冷设备、变配电设备以及空气压缩机等，均按其中较高类型费用标准计算。

7.2.2 安装工程费用计取

7.2.2.1 直接费

(1) 直接工程费

直接工程费=人工费+材料费+施工机械使用费

① 人工费

人工费=Σ(工日消耗量×日工资单价)

$$日工资单价(G) = \sum_{1}^{5} G_i$$

a. 基本工资

$$基本工资(G_1) = \frac{生产工人平均月工资}{年平均每月法定工作日}$$

b. 工资性补贴

$$工资性补贴(G_2) = \frac{\sum 年发放标准}{全年日历日-法定假日} + \frac{\sum 月发放标准}{年平均每月法定工作日} + 每工作日发放标准$$

c. 生产工人辅助工资

$$生产工人辅助工资(G_3) = \frac{全年无效工作日 \times (G_1+G_2)}{全年日历日-法定假日}$$

d. 职工福利费

职工福利费(G_4)=($G_1+G_2+G_3$)×福利费计提比例(%)

e. 生产工人劳动保护费

$$生产工人劳动保护费(G_5) = \frac{生产工人年平均支出劳动保护费}{全年日历日-法定假日}$$

② 材料费

材料费=Σ(材料消耗量×材料基价)+检验试验费

a. 材料基价

材料基价={(供应价格+运杂费)×[1+运输损耗率(%)]}×[1+采购保管费率(%)]

b. 检验试验费

检验试验费=Σ(单位材料量检验试验费×材料消耗量)

③ 施工机械使用费

施工机械使用费=Σ(施工机械台班消耗量×机械台班单价)

台班单价=台班折旧费+台班大修费+台班经常修理费+台班安拆费及场外运费+台班人工费+台班燃料动力费+台班养路费及车船使用税

(2) 措施费

① 环境保护

环境保护费=直接工程费×环境保护费费率(%)

$$环境保护费费率(\%) = \frac{本项费用年度平均支出}{全年建安产值 \times 直接工程费占总造价比例(\%)}$$

② 文明施工

文明施工费=直接工程费×文明施工费费率(%)

$$文明施工费费率（\%）=\frac{本项费用年度平均支出}{全年建安产值\times直接工程费占总造价比例（\%）}$$

③ 安全施工

安全施工费＝直接工程费×安全施工费费率（%）

$$安全施工费费率（\%）=\frac{本项费用年度平均支出}{全年建安产值\times直接工程费占总造价比例（\%）}$$

④ 临时设施费：周转使用临建（如，活动房屋）、一次性使用临建（如，简易建筑）、其他临时设施（如，临时管线）

临时设施费＝(周转使用临建费＋一次性使用临建费)
×［1＋其他临时设施所占比例（%)］

其中：

a. 周转使用临建费

$$周转使用临建费=\sum\left[\frac{临建面积\times每平方米造价}{使用年限\times365\times利用率（\%）}\times工期（天）\right]+一次性拆除费$$

b. 一次性使用临建费

一次性使用临建费＝∑临建面积×每平方米造价×[1－残值率(%)]＋一次性拆除费

c. 其他临时设施在临时设施费中所占比例，可由各地区造价管理部门依据典型施工企业的成本资料经分析后综合测定。

⑤ 夜间施工增加费

$$夜间施工增加费=\left(1-\frac{合同工期}{定额工期}\right)\times\frac{直接工程费中的人工费合计}{平均日工资单价}\times每工日夜间施工费开支$$

⑥ 二次搬运费

二次搬运费＝直接工程费×二次搬运费费率（%）

$$二次搬运费费率（\%）=\frac{年平均二次搬运费开支额}{全年建安产值\times直接工程费占总造价的比例（\%）}$$

⑦ 大型机械进出场及安拆费

$$大型机械进出场及安拆费=\frac{一次进出场及安拆费\times年平均安拆次数}{年工作台班}$$

⑧ 混凝土、钢筋混凝土模板及支架

a. 模板及支架费＝模板摊销量×模板价格＋支、拆、运输费

摊销量＝一次使用量×(1＋施工损耗)×[1＋(周转次数－1)×补损率/周转次数－
(1－补损率)50%/周转次数]

b. 租赁费＝模板使用量×使用日期×租赁价格＋支、拆、运输费

⑨ 脚手架搭拆费

a. 脚手架搭拆费＝脚手架摊销量×脚手架价格＋搭、拆、运输费

$$脚手架摊销量=\frac{单位一次使用量\times（1-残值率）}{耐用期\div一次使用期}$$

b. 租赁费＝脚手架每日租金×搭设周期＋搭、拆、运输费

⑩ 已完工程及设备保护费

已完工程及设备保护费＝成品保护所需机械费＋ 材料费＋人工费

⑪ 施工排水、降水费

排水降水费＝Σ排水降水机械台班费×排水降水周期＋排水降水使用材料费、人工费

7.2.2.2 间接费

(1) 以直接费为计算基础

间接费=直接费合计×间接费费率(%)

(2) 以人工费和机械费合计为计算基础

间接费=人工费和机械费合计×间接费费率(%)

间接费费率(%)=规费费率(%)+企业管理费费率(%)

(3) 以人工费为计算基础

间接费=人工费合计×间接费费率(%)

规费费率根据本地区典型工程发承包价的分析资料综合取定规费计算中所需数据:

① 每万元发承包价中人工费含量和机械费含量。

② 人工费占直接费的比例。

③ 每万元发承包价中所含规费缴纳标准的各项基数。

规费费率的计算公式:

① 以直接费为计算基础

$$规费费率(\%)=\frac{\sum 规费缴纳标准\times 每万元发承包价计算基数}{每万元发承包价中的人工费含量}\times 人工费占直接费的比例(\%)$$

② 以人工费和机械费合计为计算基础

$$规费费率(\%)=\frac{\sum 规费缴纳标准\times 每万元发承包价计算基数}{每万元发承包价中的人工费含量和机械费含量}\times 100\%$$

③ 以人工费为计算基础

$$规费费率(\%)=\frac{\sum 规费缴纳标准\times 每万元发承包价计算基数}{每万元发承包价中的人工费含量}\times 100\%$$

企业管理费费率计算公式:

① 以直接费为计算基础

$$企业管理费费率(\%)=\frac{生产工人年平均管理费}{年有效施工天数\times 人工单价}\times 人工费占直接费比例(\%)$$

② 以人工费和机械费合计为计算基础

$$企业管理费费率(\%)=\frac{生产工人年平均管理费}{年有效施工天数\times(人工单价+每一工日机械使用费)}\times 100\%$$

③ 以人工费为计算基础

$$企业管理费费率(\%)=\frac{生产工人年平均管理费}{年有效施工天数\times 人工单价}\times 100\%$$

7.2.2.3 利润

利润计算公式:(直接工程费+措施费+间接费)×相应利润率

7.2.2.4 税金

税金=(税前造价+利润)×税率(%)

(1) 纳税地点在市区的企业

$$税率(\%)=\frac{1}{1-3\%-3\%\times 7\%-3\%\times 3\%}-1$$

(2) 纳税地点在县城、镇的企业

$$税率(\%)=\frac{1}{1-3\%-3\%\times5\%-3\%\times3\%}-1$$

(3) 纳税地点不在市区、县城、镇的企业

$$税率(\%)=\frac{1}{1-3\%-3\%\times1\%-3\%\times3\%}-1$$

附　录

河北省工程量清单编制与计价规程(2013)

1. 总则

（1）为了规范建设工程工程造价计价行为，统一河北省建设工程工程量清单编制与计价方法，维护投资者、承包人及劳动者的合法权益，发挥投资效益，根据《中华人民共和国建筑法》、《中华人民共和国标准化法》、《中华人民共和国合同法》、《中华人民共和国招标投标法》、《建设工程质量管理条例》、《河北省建筑条例》、《建设工程工程量清单计价规范》（GB 50500—2013）、《房屋建筑与装饰工程工程量计算规范》（GB 50854—2013）、《仿古建筑工程工程量计算规范》（GB 50855—2013）、《通用安装工程工程量计算规范》（GB 50856—2013）、《市政工程工程量计算规范》（GB 50857—2013）、《园林绿化工程工程量计算规范》（GB 50858—2013）、《矿山工程工程量计算规范》（GB 50859—2013）、《构筑物工程工程量计算规范》（GB 50860—2013）、《城市轨道交通工程工程量计算规范》（GB 50861—2013）、《爆破工程工程量计算规范》（GB 50862—2013）（以下简称《规范》）、《建筑工程发包与承包计价管理办法》等法律、法规、标准，结合河北省建筑市场工程计价的实际，制定本规程。

（2）凡在河北省行政区域内的建设工程工程量清单编制与计价行为，包括工程量清单编制、招标控制价或标底编制、投标报价编制、合同价款确定、工程预付款、工程计量与价款支付、价款调整、索赔与现场签证、结算与工程计价争议处理、工程造价鉴定、工程计价资料与档案等，应遵守本规程。

（3）下列建设工程必须执行本规程：

① 使用各级财政预算资金的建设项目。

② 使用纳入财政管理的各种政府性专项建设资金的建设项目。

③ 使用国有企业事业单位自有资金，并且国有资产投资者实际拥有控股权的建设项目。

④ 使用国家发行债券所筹集资金的建设项目。

⑤ 使用国家对外借款或者担保所筹集资金的建设项目。

⑥ 使用国家政策性贷款的建设项目。

⑦ 国家授权投资主体融资的建设项目。

⑧ 国家特许的融资建设项目。

⑨ 使用世界银行、亚洲开发银行等国际组织贷款资金的建设项目。

⑩ 使用外国政府及其机构贷款资金的建设项目。

⑪ 使用国际组织或者外国政府援助资金的建设项目。

⑫ 关系社会公共利益、公众安全的基础设施和公用事业的建设项目。

（4）除上述规定以外的建设工程，工程计价方式由招标人确定，但采用清单计价方式的必须执行本规程。不采用工程量清单计价的建设工程，应执行本规程除工程量清单专门性规定外的其他规定。

（5）工程量清单、招标控制价或标底、投标报价、工程计量、合同价款调整、工程价款结算与支付以及工程造价鉴定等工程造价文件应由具有专业资格的工程造价人员编制与核对。承担工程造价文件的编制与核对的工程造价人员及其所在单位，应对工程造价文件的质量负责。

(6) 建设工程工程量清单编制与计价行为应遵循客观、诚信、公正、公平的原则。

(7) 建设工程工程量清单编制与计价行为必须按《规范》的强制性条文和本规程的规定执行，并应符合国家和河北省有关法律、法规及标准的规定。

(8) 工程量清单应采用综合单价计价。

(9) 实行工程量清单计价的工程，必须在招标文件中说明该工程所要采用的合同价款方式、投标人所要承担的风险范围及幅度，影响价款调整的因素及调整方法。

确定投标人承担的风险范围及幅度应公平合理、实事求是，不得迫使投标人承担无限度的风险。

(10) 招标文件中的工程量清单标明的工程量是投标人投标报价的基础，竣工结算的工程量按发、承包双方计量确认的工程量确定。

2. 术语

(1) 工程量清单：载明建设工程分部分项工程项目、措施项目、其他项目的名称和相应数量以及规费、税金项目等内容的明细清单。

(2) 项目编码：分部分项工程和措施项目清单名称的阿拉伯数字标识。

(3) 项目特征：构成工程量清单项目自身价值的本质特征。

(4) 综合单价：是完成工程量清单项目规定的工作内容、规定的计量单位所需的人工费、材料费、机械使用费、管理费、利润，并考虑招标文件规定的由投标人承担的风险费用。

(5) 措施项目：为完成工程项目施工，发生于该工程施工前和施工过程中技术、生活、安全、环境保护等方面的非工程实体项目。由单价措施项目和总价措施项目组成。

(6) 单价措施项目：以单价计价的措施项目，即根据设计图纸（含设计变更）和相关工程现行国家计量规范、省建设行政主管部门规定的工程量计算规则进行计量，与相应的综合单价进行价款计算的项目。

(7) 总价措施项目：以总价计价的措施项目，即此类项目在相关工程现行国家计量规范、省建设行政主管部门无工程量计算规则，以费率计算的项目。

(8) 安全生产、文明施工费：为完成工程项目施工，发生于该工程施工前和施工过程中安全生产、环境保护、临时设施、文明施工的非工程实体的措施项目费用。已包括安全网、防护架、建筑物垂直封闭及临时防护栏杆等所发生的费用。

(9) 生产工具、用具使用费：施工生产所需不属于固定资产的生产工具及检验用具等的购置、摊销和维修费，以及支付给工人自备工具的补贴费。

(10) 检验试验配合费：配合工程质量检测机构取样、检测所发生的费用。

(11) 冬季施工增加费：当地规定的取暖期间施工所增加的工序、劳动工效降低、保温、加热的材料、人工和设施费用。不包括暖棚搭设、外加剂和冬季施工需要提高混凝土和砂浆强度所增加的费用，发生时另计。

(12) 雨季施工增加费：冬季以外的时间施工所增加的工序、劳动工效降低、防雨的材料、人工和设施费用。

(13) 夜间施工增加费：合理工期内因施工工序需要必须连续施工而进行的夜间施工发生的费用，包括照明设施的安拆、劳动工效降低、夜餐补助等费用，不包括建设单位要求赶工而采用夜班作业施工所发生的费用。

(14) 二次搬运费：确因施工场地狭小，或由于现场施工情况复杂，工程所需材料、成品、半成品堆放点距建筑物（构筑物）近边在150～500m范围内时，不能就位堆放时而发生的二次搬运费。不包括自建设单位仓库至工地仓库的搬运以及施工平面布置变化所发生的搬运费用。

(15) 工程定位复测配合费及场地清理费：工程开、竣工时的配合定位复测、竣工图绘制的费用及移交时施工现场一次性的清理费用。

(16) 停水、停电增加费：施工期间由非承包人原因引起的停水和停电每周累计在8小时内而造成的停工、机械停滞费用。

(17) 已完工程及设备保护费（成品保护费）：工程完工后至正式交付发包人前对已完工程、设备进行保护所采取的措施费及养护、维修费用。

(18) 施工与生产同时进行增加费：改扩建工程在生产车间或装置内施工，因生产操作或生产条件限制（如不准动火）干扰了施工正常进行而降效所增加的费用；不包括为保证安全生产和施工所采取措施的费用。

(19) 有害身体健康的环境中施工降效增加费：在民法通则有关规定允许的前提下，改扩建工程，由于车间或装置范围内有害气体或高分贝的噪声等环境因素超过国家标准以致影响身体健康而降效所增加费用；不包括劳保条例规定应享受的工种保健费。

(20) 超高费：建筑物檐高超过20m所增加的费用。

(21) 操作高度增加费：施工操作物离楼地面超过规定高度时所增加的费用。

(22) 暂列金额：招标人在工程量清单中暂列并包括在合同价款中的一笔款项。用于施工合同签订时尚未确定或者不可预见的所需材料、设备、服务的采购，施工中可能发生的工程变更、合同约定调整因素出现时的合同价款调整以及发生的索赔、签证等的费用。

(23) 总承包服务费：总承包人为配合协调招标人另行发包的专业工程项目实施、招标人供应材料或设备时所发生的管理费用、服务费用、采购保管费用。不包括招标人另行发包的专业工程施工单位使用总承包人的机械、脚手架等而支付的费用。

(24) 暂估价：招标人在工程量清单中提供的用于支付必然发生但暂时不能确定价格的材料或设备的单价以及专业工程的金额，包括材料暂估价、设备暂估价和专业工程暂估价。

(25) 专业工程：建设工程中依照有关法律、法规规定，可以由具有相应专业承包资质的企业承接的专业工程。如：钢结构专业工程、电梯安装专业工程、消防设施专业工程、桩基础专业工程、防水专业工程、通风专业工程、弱电专业工程、采暖专业工程、给水排水专业工程等。

(26) 计日工：承包人完成发包人提出的工程合同范围以外的零星项目或工作。

(27) 工程造价咨询人：取得工程造价咨询资质等级证书，接受委托从事建设工程造价咨询活动的企业。

(28) 造价工程师：取得造价工程师资格并注册，从事建设工程造价活动的专业人员。

(29) 造价员：取得全国建设工程造价员资格并注册，从事建设工程造价活动的专业人员。

(30) 招标控制价：根据设计文件、招标文件、现场实际情况、国家和河北省标准、合理的施工组织设计或方案，以省建设行政主管部门发布的消耗量定额、费用标准、计价办法、工程量计算规则等为依据，参照工程造价管理机构代表政府发布的人工、材料、设备、机械市场价格信息等计算出的工程造价。

（31）管理费：施工企业为组织施工生产和经营管理所需的费用。

（32）利润：是指施工企业完成所承包工程获得的盈利。

（33）规费：是指法律、法规和省级以上政府或有关权力部门规定必须缴纳和计提的费用。内容包括：

① 社会保障费

a. 养老保险费：是指企业按规定标准为职工缴纳的基本养老保险费。

b. 医疗保险费：是指企业按照规定标准为职工缴纳的基本医疗保险费。

c. 失业保险费：是指企业按照规定标准为职工缴纳的失业保险费。

d. 生育保险：是指企业按照规定标准为职工缴纳的生育保险费。

e. 工伤保险：是指企业按照规定标准为职工缴纳的工伤保险费。

② 住房公积金：是指企业按规定标准为职工缴纳的住房公积金。

③ 职工教育经费：是指企业为职工学习先进技术和提高文化水平，按职工工资总额计提的费用。

（34）税金：国家税法规定应计入工程造价内的营业税、城市维护建设税及教育费附加。

（35）工程量偏差率：

$$i=(m-n)/n\times 100\% \tag{1}$$

式中 i——工程量偏差率；

m——依据审查合格的设计文件，按照《规范》和本规程规定计量确认的工程量；

n——招标时工程量清单所对应的工程量。

（36）现场签证：经发包人现场代表（或其授权的监理工程师、造价工程师）与承包人现场代表就施工过程中涉及责任事件所做的签认证明。

（37）不可抗力：不能预见、不能避免并不能克服的客观情况。包括战争、动乱、武装封锁、罢工、空中飞行物体坠落或非发包人、承包人责任或原因造成的爆炸、火灾，以及风、雨、雪、洪、震等自然灾害和政府或卫生部门发布的影响正常工作的疫情。

（38）索赔：合同履行期间，对于并非己方的过错发生的事件所造成的损失，按合同约定或法律、法规规定应由对方承担责任，从而向对方提出的费用补偿和（或）工期顺延的行为。

（39）工程成本：承包人为实施合同工程并达到质量标准，在确保安全施工的前提下，必须消耗或使用的人工、材料、工程设备、施工机械台班及其管理等方面发生的费用和按规定计取的规费和税金。

（40）提前竣工（赶工）费：承包人应发包人的要求而采取加快工程进度措施，使工程工期缩短，由此产生所增加的费用。

（41）误期补偿费：由承包人原因引起的实际工期超过合同工期，承包人应向发包人补偿的费用。

（42）工程变更：合同工程实施过程中由发包人提出或由承包人提出经发包人批准的合同工程任何一项工作的增、减、取消或施工工艺、顺序、时间的改变；设计图纸的改变；施工条件的改变。

（43）工程造价鉴定：工程造价咨询人接受人民法院、仲裁机关委托，对施工合同纠纷案件中的工程造价，运用专门知识进行鉴别、判断和评定，并提供鉴定意见的活动。也称为工程造价司法鉴定。

3. 一般规定

(1) 工程量清单编制与计价应采用统一格式。

(2) 工程量清单编制与计价格式详见原规程附录一，视具体情况有选择地采用。

(3) 招标人应按下列要求填写原规程附录一所列的格式内容：

① 填表须知除本规程内容外，招标人可根据具体情况进行补充。

② 工程量清单编制说明应按下列内容填写：

a. 工程概况：建设规模、工程特征、计划工期、施工现场实际情况、交通运输情况、自然地理条件、环境保护要求等。

b. 工程招标的内容、范围。

c. 工程量清单编制依据。

d. 工程质量、材料、施工等特殊要求。

e. 招标人另行发包的专业工程工程内容及估算价。

f. 招标人暂估的专业工程的范围、工程内容。

g. 其他需说明的问题。

③ 工程量清单应根据本规程第 5 章的规定编制和填写。

④ 招标人供应材料、设备时应按原规程附录一表 1-14 规定的内容填写。

⑤ 主要材料、设备名称、规格型号、单价填入原规程附录一表 1-15 中。

⑥ 分部分项工程量清单综合单价分析表、单价措施项目工程量清单综合单价分析表、总价措施项目费分析表，由招标人根据需要提出填报要求。

(4) 投标人应按招标人提供的工程量清单及要求填报，并符合下列规定：

① 工程量清单报价说明应按下列内容填写：

a. 招标人要求必须说明的问题；

b. 有关报价需要说明的情况；

c. 对增补的总价措施项目进行说明。

② 投标总价应按工程项目总价表合计金额填写。

③ 工程项目总价表中金额应分别按单项工程费汇总表的合计金额、设备费填写。

工程项目总价表中的设备费及其税金是指由投标人购买的设备费用及其税金，应按主要材料、设备明细表中设备费金额计算税金后填入；招标人供应材料、设备应填入招标人供应材料、设备明细表，其中的设备费不计入投标总价。

④ 单项工程费汇总表应按下列要求填写：

a. 表中单位工程名称应按单位工程费汇总表的工程名称填写。

b. 表中金额应按单位工程费汇总表的合计金额填写。

⑤ 单位工程费汇总表中的金额应区分不同的单位工程按照分部分项工程量清单与计价合计、单价措施项目工程量清单与计价合计、其他总价措施项目清单与计价合计、其他项目清单与计价合计和按有关规定计算的规费、安全生产、文明施工费、税金填写。

⑥ 分部分项工程量清单与计价表中的序号、项目编码、项目名称、项目特征、计量单位、工程数量必须与招标人提供的一致。

⑦ 措施项目清单与计价表应按下列要求填写：

a. 单价措施项目工程量清单与计价表中的序号、项目编码、项目名称、项目特征、计量单位、工程数量必须与招标人提供的一致。

b. 总价措施项目清单与计价表中的项目编码、项目名称必须与招标人提供的一致。投标人可根据施工组织设计或施工方案，增补总价措施项目，并按本规程编排措施项目序号原则编号。

c. 单位工程费汇总表中措施项目清单计价合计金额中不包括安全生产、文明施工费用。

⑧ 其他项目清单与计价表应按下列要求填写：

a. 表中的序号、项目名称必须与招标人提供的一致。

b. 招标人给定的暂列金额、暂估价，投标人不得更改。

⑨ 计日工表的综合单价应按照综合单价组成要求，根据计日工的特点填写。

⑩ 主要材料、设备明细表应按下列要求填写：

a. 按招标人要求填写材料、设备单价。

b. 所填写的单价必须与分部分项工程项目、措施项目综合单价中采用的单价一致。

⑪ 分部分项工程量清单综合单价分析表、单价措施项目工程量清单综合单价分析表、总价措施项目费分析表应按招标人提出的要求提供。

⑫ 签证及索赔计价表是按签证、索赔等依据计算相关费用的表格，应按规定要求填写。

(5) 工程量清单编制与计价行为，应使用经省工程造价管理机构鉴定合格的应用软件编制工程量清单、招标控制价或标底、投标报价和结算。

(6) 规费、安全生产、文明施工费、税金必须按本规程的规定计算，不得作为竞争性费用。

(7) 国家和河北省规定的不可竞争费用，必须按规定列项和计算。

4. 基础工作

(1) 除招标文件、合同协议条件另有说明外，招标人还应完成下列工作：

① 土地征用手续、拆迁补偿、平整施工场地等工作已完成，使施工场地具备施工条件，在开工后继续负责解决以上事项遗留问题；

② 将施工所需水、电、通信线路从施工场地外部接至施工场地范围内的指定地点，同时保障水、电供给和线路通畅；

③ 开通施工场地与城乡公共道路的通道以及约定的施工场地的主要道路，满足施工运输的需要，并保证施工期间的畅通；

④ 提供施工场地的工程地质勘察资料，施工现场及毗邻区域内供水、排水、供电、供气、供热、通信、广播电视等地下管线资料，以及气象和水文观测资料、相邻建筑物和构筑物、地下工程的有关资料；

⑤ 办理施工许可证及其他施工所需证件、批件和临时用地、停水、停电、中断道路交通、爆破作业等的申请批准手续（证明投标人自身资质的证件除外）；

⑥ 以书面形式确定水准点与坐标控制点，并进行现场交验；

⑦ 签订施工合同后组织承包人和设计单位进行设计文件会审和设计交底；

⑧ 协调处理工程项目所涉及的地下管线和邻近建筑物、构筑物（包括文物）、古树名木的保护等工作。

(2) 除招标文件、合同协议条件另有说明外，承包人还应完成下列工作：

① 向发包人提供工程进度计划及相应进度统计报表；

② 根据工程需要，提供和维修非夜间施工使用的照明、围栏设施，以及安全保卫工作；

③ 遵守施工场地交通、安全防护、文明施工等的管理规定，按规定办理有关手续；

④ 已竣工工程未交付发包人之前，承包人按约定负责已完工程的保护工作，保护期间发生损坏，承包人应予以修复；

⑤ 做好施工场地地下管线和邻近建筑物、构筑物（包括文物）、古树名木的保护工作；

⑥ 保证施工场地清洁符合环境卫生管理的有关规定，交工前清理现场达到合同约定的要求；

⑦ 配合发包人进行工程验收。

5. 工程量清单编制

（1）一般规定

① 工程量清单应由具有编制能力的招标人或受其委托具有相应资质的工程造价咨询人编制。

② 工程量清单必须作为招标文件的组成部分，其准确性和完整性由招标人负责。

③ 工程量清单是工程量清单计价的基础，是编制招标控制价或标底、投标报价、签订合同价、支付工程进度款、调整工程量、价款调整、办理竣工结算以及索赔的主要依据。

④ 工程量清单应由分部分项工程工程量清单、措施项目清单、其他项目清单组成。

⑤ 工程量清单编制的依据

a.《规范》和本规程；

b. 省建设行政主管部门颁发的计价办法；

c. 经审查合格的设计文件及相关资料；

d. 招标文件及其补充通知、答疑纪要；

e. 施工现场情况，工程特点及常规施工方案；

f. 相关的设计、施工标准；

g. 其他有关的建设工程计价依据。

⑥《规范》和本规程中未包括的项目，清单编制人可做相应补充，但必须将项目编码、项目名称、项目特征、计量单位、工程量计算规则和工程内容等按规定程序报工程造价管理机构备案后随清单发出。

⑦ 补充项目的编码，一至六位应按《规范》的规定设置，不得变动；第七位设为“B”；第八、第九位应根据补充清单项目名称结合《规范》和本规程由清单编制人设置，并应自01起按顺序编制；第十至第十二位应根据拟建工程的工程量清单项目名称设置，并自001起按顺序编制，同一招标工程的项目编码不得出现重码。

⑧ 招标人要求投标人完成分部分项的工作内容与《规范》、本规程、设计文件不同时，应在招标文件中明确说明。

⑨ 招标人更改清单时，必须签字、盖章后以书面形式通知投标人。

⑩ 工程量清单的发出日期距投标截止日应符合《中华人民共和国招标投标法》规定的时间要求。

⑪ 工程量清单必须按要求签字、盖章。

（2）分部分项工程量清单

① 分部分项工程量清单应包括项目编码、项目名称、项目特征、计量单位和工程量。

② 分部分项工程量清单应根据《规范》和本规程规定的项目编码、项目名称、项目特征、计量单位和工程量计算规则进行编制。

③ 分部分项工程量清单应项目齐全、数量准确、特征描述清楚。

④ 分部分项工程量清单的序号从1起按顺序编制，不得有重号。

⑤ 分部分项工程量清单的项目编码，应采用十二位阿拉伯数字表示。一至九位必须按《规范》和本规程的规定设置，不得变动；十至十二位应根据拟建工程的工程量清单项目名称设置，并应自001起按顺序编制，同一招标工程的项目编码不得有重码。

⑥ 分部分项工程量清单的项目名称，必须按《规范》和本规程规定的项目名称结合拟建工程确定。

⑦ 分部分项工程量清单的项目特征，必须按《规范》和本规程规定的项目特征结合拟建工程描述。

⑧ 分部分项工程量清单的计量单位，必须按《规范》和本规程规定的计量单位确定。

⑨ 分部分项工程量清单的工程量，必须按《规范》和本规程规定的工程量计算规则计算。

(3) 措施项目清单

① 措施项目清单应根据《规范》和本规程的规定编制。

② 措施项目清单应根据拟建工程的具体情况及合理的施工组织设计或方案，参照《规范》和本规程列有的项目，按不同的单位工程分别编制。

③ 措施项目的项目编码、项目名称、项目特征、计量单位、工程量计算规则，应按照5(2)(本规程5.2)分部分项工程的规定执行。

④ 单价措施项目、安全生产、文明施工费及其他总价措施项目详见原规程附录二建设工程工程量计算规程。

⑤ 总价措施项目以“项”为单位，工程量是“1”。

(4) 其他项目清单

① 其他项目清单应根据按照下列内容列项：暂列金额、暂估价、计日工、总承包服务费。

② 暂列金额应根据拟建工程的复杂程度、市场情况分别由招标人估算列出，如不能详列，也可只列暂列金额总额。暂列金额一般不超过拟建工程估算价的20%。暂列金额由招标人掌握和支配。

③ 暂估价包括材料暂估价、设备暂估价与专业工程暂估价。暂估价表(原规程附录一表1-11)由招标人填写。

a. 专业工程暂估价以“项”为单位，应区分不同项目，根据工程的复杂程度、市场情况分别估算列出；

b. 专业工程暂估价应计入工程总价，其金额应包括管理费、利润。

④ 计日工由招标人根据拟建工程的具体情况，列出人工、材料、机械的名称、规格型号、计量单位、数量。

⑤ 拟建工程具有下列情况之一时，应列总承包服务费项目：

a. 招标人另行发包专业工程；

b. 招标人供应材料、设备。

⑥ 招标人供应材料、设备的要求

a. 招标人供应材料、设备时，必须按要求完整地填写招标人供应材料、设备明细表(原规程附录一表1-14)，其中材料单价仅作为投标人编制该项综合单价、扣除材料款时使用；设备费仅作为计取总承包服务费时使用，不计入工程总造价。

b. 招标人供应的材料数量不得超过依据省建设行政主管部门颁发的计价依据计算出的数量。

c. 招标人应按招标人供应材料、设备明细表（原规程附录一表 1-14）约定的内容提供材料、设备，并向承包人提供产品合格证明，并对其质量负责。招标人在所供材料、设备到货前 24 小时，以书面形式通知承包人，由承包人派人与招标人共同清点。

d. 招标人供应的材料、设备，承包人派人参加清点后由承包人负责保管。

招标人未通知承包人清点，承包人不负责材料、设备的保管，如有丢失损坏由招标人负责。

（5）规费

规费应按省建设行政主管部门的规定计算，不得作为竞争性费用。

（6）税金

税金应按省建设行政主管部门的规定计算，不得作为竞争性费用。

6. 招标控制价或标底的编制

（1）一般规定

① 国有资金投资的建设工程招标，招标人必须编制招标控制价。

② 招标控制价应由具有编制能力的招标人或受其委托具有相应资质的工程造价咨询人编制和复核。

③ 工程造价咨询人接受招标人委托编制招标控制价，不得再就同一工程接受投标人委托编制投标报价。

④ 招标控制价应按照规范和本规程规定编制，不应上调或下浮。

⑤ 招标控制价必须按要求签字、盖章。

⑥ 招标控制价编制完成后应按规定程序报工程造价管理机构备案，招标控制价应随招标文件一起公布。

（2）编制与复核

① 招标控制价的编制应客观、合理、公正，并遵守如下依据：

a.《规范》和本规程；

b. 国家和河北省统一的工程量计算规则、项目划分及计价办法；

c. 省建设行政主管部门发布的计价依据中的消耗量定额；

d. 招标文件；

e. 建设工程设计文件及相关资料；

f. 国家、行业和河北省的标准；

g. 工程量清单及有关要求；

h. 施工现场条件、合理的施工组织设计或方案；

i. 工程造价管理机构代表政府发布的人工、材料、设备、机械市场价格信息。

② 综合单价应包括招标文件中规定的应由投标人承担的风险费用。

③ 分部分项工程项目和单价措施项目，应根据招标文件和招标工程量清单项目中的特征描述及有关要求确定综合单价。

④ 总价措施项目应根据招标文件和常规施工方案，按《规范》和本规程规定计价。其中安全生产、文明施工费必须按省建设行政主管部门规定计算。

⑤ 其他项目费应按下列规定计价：

a. 暂列金额应按工程量清单中列出的金额填写。

b. 招标人提供暂估价的材料、设备是指在工程量清单中必然发生，但不能确定价格的材料、设备，这部分材料、设备由投标人负责采购。材料按暂估的单价进入综合单价，设备按暂估的单价填入主要材料、设备明细表（原规程附录一表1-15）内。设备费计算税金后填入工程项目总价表。

c. 暂估价中的专业工程金额应按工程量清单中列出的金额填写。

d. 计日工应按工程量清单中列出的项目根据工程特点和有关计价依据确定综合单价计算。

e. 总承包服务费应根据工程量清单列出的内容和要求参照下列标准计算：

Ⅰ. 拟建工程如有招标人另行发包的专业工程时，按另行发包的专业工程估算价的3%以内计取；

Ⅱ. 招标人供应材料时，按其供应的材料总价的1%以内计取；

Ⅲ. 招标人供应设备时，按其供应的设备总价的0.3%以内计取。

⑥ 规费、安全生产文明施工费、税金应按本规程规定计算，不得竞争。

（3）投诉与处理

① 投标人经复核认为招标人公布的招标控制价未按照《规范》和本规程的规定进行编制的，应当在招标控制价公布后5天内向招投标监督管理机构和工程造价管理机构投诉。

② 投诉人投诉时，应当提交由单位盖章和法定代表人或其委托人签名或盖章的书面投诉书。投诉书应包括以下内容：

a. 投诉人与被投诉人的名称、地址及有效联系方式；

b. 投诉的招标工程名称、具体事项及理由；

c. 投诉依据及证明材料；

d. 相关的请求和主张。

③ 投诉人不得进行虚假、恶意投诉，阻碍投标活动的正常进行。

④ 工程造价管理机构在接到投诉书后应在二个工作日内进行审查，对有下列情况之一的，不予受理：

a. 投诉人不是所投诉招标工程的投标人；

b. 投诉书提交的时间不符合6（3）①（原规程第6.3.1条）规定的；

c. 投诉书不符合6（3）②（原规程第6.3.2条）规定的。

⑤ 工程造价管理机构决定受理投诉后，应不迟于次日将受理情况书面通知投诉人、被投诉人以及负责该工程招投标监督的招投标管理机构。

⑥ 工程造价管理机构受理投诉后，应立即对招标控制价进行复查，组织投诉人、被投诉人或其委托的招标控制价编制人等单位人员对投诉问题逐一核对。有关当事人应当予以配合，并保证所提供资料的真实性。

⑦ 工程造价管理机构应当在受理投诉的10日内完成复查（特殊情况下可适当延长），并作出书面结论通知投诉人、被投诉人及负责该工程招投标监督的招投标管理机构。

⑧ 当招标控制价复查结论与原公布的招标控制价误差超过±3%的，应当责成招标人改正。

⑨ 招标人根据招标控制价复查结论需要重新公布招标控制价的，其最终招标控制价的

发布时间至投标截止日不足 15 日的，应适当延长。

7. 工程量清单报价

(1) 一般规定

① 投标报价应由投标人或受其委托具有相应资质的工程造价咨询人编制。

② 投标人应当根据本企业的具体经营状况、技术装备水平、管理水平和市场价格信息，结合工程的实际情况、合同价款方式、风险范围及幅度，自主确定人工单价、材料单价、机械单价、管理费、利润和约定的风险费用，并按规定计取规费和安全生产、文明施工费，提出报价。管理费、利润的计算方法应符合省建设行政主管部门的规定。

③ 投标报价不得低于工程成本。

④ 投标人应按招标工程量清单填报价格。序号、项目编码、项目名称、项目特征、计量单位、工程量必须与工程量清单一致。但允许投标人增补的总价措施项目除外。

⑤ 投标报价必须按要求签字、盖章。

(2) 编制与复核

① 投标报价应按招标文件要求和以下依据进行：

a.《规范》和本规程；

b. 国家和河北省统一的工程量计算规则、项目划分及计价办法；

c. 招标文件、工程量清单及其补充通知和答疑纪要；

d. 建设工程设计文件及相关资料；

e. 国家、行业和河北省的标准；

f. 施工现场条件、施工组织设计或方案；

g. 市场价格或工程造价管理机构代表政府发布的人工、材料、设备、机械市场价格信息；

h. 企业定额或省建设行政主管部门发布的消耗量定额等计价依据。

② 综合单价应包括招标文件中规定的应由投标人承担的风险费用。

③ 招标人供应材料、设备时，投标人应考虑供应材料、设备的规格、数量、供应时间、供货地点等因素。材料按招标人给定的单价计入综合单价，设备费不计入投标报价。

④ 分部分项工程项目、单价措施项目清单的序号、项目编码、项目名称、项目特征、计量单位、工程数量必须与招标人提供的一致。

分部分项工程项目、单价措施项目，应根据招标文件和工程量清单项目中的特征描述及有关要求计算综合单价。

⑤ 总价措施项目中的安全生产、文明施工费应按照本规程规定计算；其他总价措施项目应根据招标文件及投标时拟定的施工组织设计或施工方案自主报价。

其他总价措施项目可根据招标文件及投标时拟定的施工组织设计或施工方案增补措施项目，并按本规程规定编号。

⑥ 其他项目费应按下列规定报价：

a. 暂列金额应按招标工程量清单中列出的金额填写。

b. 招标人提供暂估价的材料、设备是指在工程量清单中必然发生，但不能确定价格的材料、设备，这部分材料、设备由投标人负责采购。材料按暂估的单价进入综合单价，设备按暂估的单价填入主要材料、设备明细表内。设备费计算税金后填入工程项目总价表。

c. 专业工程暂估价应按招标工程量清单中列出的金额填写。

d. 总承包服务费应由投标人视招标范围、招标人供应的材料、设备情况参照下列标准计算：

Ⅰ. 拟建工程如有招标人另行发包的专业工程时，按另行发包的专业工程估算价的3%以内计取；

Ⅱ. 招标人供应材料时，按其供应的材料总价的1%以内计取；

Ⅲ. 招标人供应设备时，按其供应的设备总价的0.3%以内计取。

e. 计日工的综合单价应由投标人视具体情况，按照本规程的综合单价组成自主确定填报。

⑦ 工程量清单与计价表中列明的所有需要填写的单价和合价的项目，投标人均应填写且只允许有一个报价，未填写单价和合价的项目，视为此项费用已包含在工程量清单中其他项目的单价和合价之中。

⑧ 投标总价应当与分部分项工程费、措施项目费、其他项目费、规费、安全生产文明施工费、税金、设备费及其税金的合计金额一致。

⑨ 规费、安全生产文明施工费、税金必须按本规程的规定计算，不得竞争。

8. 合同价款确定

（1）一般规定

① 实行招标的工程合同价款应在中标通知书发出之日起30日内，由发、承包双方依据招标文件和中标人的投标文件在书面合同中约定。合同约定不得违背招标文件中关于工期、造价、质量等方面的实质性内容。

② 不实行招标的工程合同价款，在发、承包双方认可的工程价款基础上，由发、承包双方在合同中约定。

③ 合同价款约定后，任何一方不得擅自更改。确定合同价款可以采用以下方式：

a. 固定单价。即工程量允许调整，综合单价在约定的条件内不予调整；在约定的条件外，综合单价（包括措施项目费、总承包服务费、计日工单价）允许调整，调整方式、方法应在招标文件中明确或在建设工程施工合同中约定。

b. 招标文件中可调价格。即工程量、综合单价和措施项目费等允许调整。调整方式、方法应当在明确或在建设工程施工合同中约定。

c. 固定总价。即承包人针对发包人在招标文件中确定的拟建工程项目实施范围、工程量清单、相关报价要求、风险范围及幅度进行的报价不予调整。当工程项目实施范围发生变化、工程量清单发生偏差、超过约定的风险范围及幅度时应予以调整。调整方式、方法应当在招标文件中明确或在建设工程施工合同中约定。

合同工期较短且工程合同总价较低的工程，可以采用固定总价合同方式。

（2）约定内容

① 发、承包双方应在合同条款中对下列事项进行约定：

a. 预付工程款的数额、支付时间及抵扣方式；

b. 安全生产、文明施工费的支付计划，使用要求等；

c. 工程计量与支付工程进度款的方式、数额及时间；

d. 工程价款的调整因素、方法、程序、支付及时间；

e. 施工索赔与现场签证的程序、金额确认与支付时间；

f. 承担计价风险的内容、范围以及超出约定内容、范围的调整办法；

g. 工程竣工价款结算编制与核对、支付及时间；

h. 工程质量保证（保修）金的数额、预扣方式及时间；

i. 工期及工期提前或延后的奖惩办法；

j. 优质工程的奖励办法；

k. 违约责任以及发生工程价款争议的解决方法及时间；

l. 与履行合同、支付价款有关的其他事项等。

② 施工合同约定的工程价款内容不得与招标文件的规定相违背。

9. 工程预付款

(1) 建设工程实行预付款制度，发、承包双方应当在建设工程施工合同中约定发包人向承包人预付工程款的时间和方式，并应符合下列规定：

① 预付款按合同约定拨付，预付款比例不低于合同金额扣除暂列金额后的10%，不高于合同金额扣除暂列金额后的30%；对重大工程项目，应按年度工程计划逐年预付。

② 在具备施工条件的前提下，发包人应在双方签订合同后的一个月内或不迟于约定的开工日期前的7日内预付工程款。发包人不按约定预付，承包人应在预付时间到期后10日内向发包人发出要求预付的通知，发包人收到通知后仍不按要求预付，承包人可在发出通知14日后停止施工，发包人应从约定应付之日起向承包人支付应付款利息（利率按同期银行贷款利率计算），并承担违约责任。

③ 预付的工程款应在合同中约定抵扣方式，并在工程进度款中进行抵扣。

(2) 没有签订建设工程施工合同或不具备施工条件的工程，发包人不得预付工程款，不得以预付款名义转移资金。

10. 工程计量与价款支付

(1) 计量

① 分部分项工程量和单价措施项目工程量计量应按审查合格的设计文件（含工程变更、签证）、施工进度、《规范》和本规程规定的工程量计算规则计算。

② 计日工

a. 计日工发生后，承包人应按合同约定提交以下报表和有关凭证送发包人复核：

Ⅰ. 工作名称、内容和数量；

Ⅱ. 投入该工作所有人员的姓名、工种、级别和耗用工时；

Ⅲ. 投入该工作的材料名称、类别和数量；

Ⅳ. 投入该工作的施工设备型号、台数和耗用台时；

Ⅴ. 发包人要求提交的其他资料和凭证。

b. 计日工应按下列规定计量：

Ⅰ. 人工用量应以工人（不包括管理人员）到达工作现场开始，直至离开现场的定额工作时间；

Ⅱ. 材料消耗量应按实际数量计算；

Ⅲ. 机械台班消耗量应按实际台班消耗量计算，包括机械从停放地转移到工作现场的时间及非承包人原因造成的停滞时间。

③ 对因承包人原因造成的超出审查合格的设计文件（含工程变更、签证）范围及返工的工程量，发包人不予计量。

④ 承包人应当按照合同约定的时间，向发包人提交已完工程量的报告。发包人接到报告后 14 日内应核实已完工程量，并在核实前 1 日通知承包人，承包人应提供条件并派人参加核实。承包人收到通知后不参加核实，应以发包人核实的工程量作为工程价款支付的依据。发包人不按约定时间通知承包人，致使承包人未能参加计量核实的，计量结果无效。

⑤ 发包人自收到承包人已完成工程量的报告之日起 14 日内未完成工程量核实的，从第 15 日起，承包人报告的工程量即视为被确认，并作为工程价款支付的依据。双方合同另有约定的，从其约定。

（2）工程进度款结算方式

① 按月结算与支付。即实行按月支付进度款，竣工后清算的办法。合同工期在两个年度以上的工程，在年终进行工程盘点，办理年度结算。

② 分段结算与支付。即当年开工、当年不能竣工的建设工程，按照工程形象进度，划分不同阶段支付工程进度款。具体划分应当在合同中明确约定。

（3）工程进度款支付

① 根据确认的计量结果，承包人向发包人提出支付工程进度款申请，发包人自接到申请之日起 14 日内，应按不低于工程价款（不含招标人供应材料费用）的 60%，不高于工程价款的 90%向承包人支付工程进度款。

预付款应按约定的时间、方法与工程进度款同期结算抵扣。

② 发包人超过约定的支付时间不支付工程进度款的，承包人应当及时向发包人发出要求付款的书面通知。发包人收到承包人书面通知后仍不能按要求付款，可与承包人协商签订延期付款协议，经承包人同意后可延期支付，协议应明确延期支付的时间和从计量结果确认后第 15 日起计算应付款的利息（利率按同期银行贷款利率计）。

③ 发包人不按合同约定支付工程进度款，双方又未达成延期付款协议，导致工程无法进行时，承包人可以停止施工，由发包人承担违约责任。

④ 分部分项工程和单价措施项目进度款以确认的计量结果计算，并应按照约定、有关规定支付。

⑤ 安全生产、文明施工措施费应按有关规定支付。其他总价措施项目费、总承包服务费、规费、税金的进度款按分部分项工程项目和单价措施项目比例支付或按合同约定方式支付。

⑥ 承包人按发包人或监理工程师指令实施计日工的费用应按下列规定支付：

a. 人工费按计日工表中适用的单价乘以双方确认的人工用量计算支付；

b. 材料费按计日工表中适用的单价乘以双方确认的材料用量计算支付；

c. 机械费按计日工表中适用的单价乘以双方确认的台班消耗量计算支付；

d. 计日工表中没有适用的单价时，由承包人提出，经发包人确认，作为支付依据。

⑦ 发、承包双方发现计量结果有误的，双方复核同意修正的，应在本次到期的进度款中支付或扣除。

11. 价款调整

（1）价款调整方式、方法应遵循客观、公平、公正的原则，并应符合省建设行政主管部门的规定。

（2）发包人（或承包人）应当在合同约定的合同价款调整事项（不含工程量偏差、计日工、索赔）发生后 14 日内，将调整原因、金额以书面形式通知对方，对方确认调整金额后将其作为追加（减）合同价款，与工程进度款同期支付。一方收到另一方通知后14日内不予确认也不提出修改意见的，应视为已经同意该项调整。

当合同规定的合同价款调整情况发生后，发包人（或承包人）未在规定时间内通知对方，或者未在规定时间内提出调整报告，承包人（或发包人）可以根据有关资料，决定是否调整和调整的金额，并书面通知对方。

（3）不论采用何种合同价款方式，因下列因素发生而引起的价款变化，价款允许调整。

① 以招标工程投标截止日前20日、非招标工程合同订立日前20日为基准日，基准日以后实施的国家和河北省法律、法规、规定；

② 省建设行政主管部门发布的造价调整规定；

③ 工程变更；

④ 经审定批准的施工组织设计、施工方案变更，但修正错误除外；

⑤ 超过双方约定幅度的市场价格变化；

⑥ 清单项目漏项；

⑦ 工程量的偏差；

⑧ 项目特征不符；

⑨ 计日工；

⑩ 超过双方约定的风险范围及幅度；

⑪ 不可抗力；

⑫ 索赔；

⑬ 现场签证；

⑭ 双方其他约定。

（4）当发生上述①～⑫款的情况之一时，造成工期延误的，相应顺延工期。

（5）不论是采用何种合同价款方式，价款调整应符合下列原则，具体的调整方法应在合同中约定：

① 分部分项工程量清单项目

a. 分部分项工程量清单项目漏项、项目特征不符、设计变更引起新的工程量清单项目，其综合单价及对应的总价措施项目费，由承包人提出，经发包人确认，应作为价款调整、支付、结算的依据。

b. 分部分项工程量清单工程量有偏差，其工程量应依据审查合格的设计文件，按照《规范》、本规程的规定计量确认后予以调整。

当工程量偏差率在±5%以内时，该项目的综合单价不变，总价措施项目费相应调整；当工程量偏差率超过±5%时，增加+5%以外的工程量或减少后剩余的工程量所对应的综合单价及总价措施项目费由承包人重新提出，经发包人确认，应作为价款调整、支付、结算的依据。

c. 由变更引起的原有项目工程量增减，其工程量应依据审查合格的设计文件（含变更、签证），按照《规范》、本规程的规定计量确认后予以调整。工程量变化幅度在合同约定范围以内时，其综合单价不变，总价措施项目费相应调整；工程量变化幅度超过合同约定的范围外的部分，其增加的工程量或减少后剩余的工程量所对应的综合单价及总价措施项目费由承包人重新提出，经发包人确认，应作为价款调整、支付、结算的依据。

合同中没有约定工程量变化幅度范围的，以±10%为准。

d. 当工程量偏差和变更同时出现时，应以上述第c项为准进行调整。

② 单价措施项目

a. 单价措施项目漏项、项目特征不符、设计变更引起新的工程量清单项目，其综合单价及对应的总价措施项目费，由承包人提出，经发包人确认，应作为价款调整、支付、结算的依据。

b. 单价措施项目清单工程量有偏差，其工程量应依据审查合格的设计文件，经批准的施工方案，按照《规范》、本规程的规定计量确认后予以调整。

当工程量偏差率在±5%以内时，该项目的综合单价不变，总价措施项目费相应调整；当工程量偏差率超过±5%时，增加+5%以外的工程量或减少后剩余的工程量所对应的综合单价及总价措施项目费由承包人重新提出，经发包人确认，应作为价款调整、支付、结算的依据。

c. 由变更引起的原有单价措施项目工程量增减，其工程量应依据审查合格的设计文件（含变更、签证），经批准的施工方案，按照《规范》、本规程的规定计量确认后予以调整。工程量变化幅度在合同约定范围以内时，其综合单价不变，总价措施项目费相应调整；工程量变化幅度超过合同约定的范围外的部分，其增加的工程量或减少后剩余的工程量所对应的综合单价及总价措施项目费由承包人重新提出，经发包人确认，应作为价款调整、支付、结算的依据。

合同中没有约定工程量变化幅度范围的，以±10%为准。

d. 当工程量偏差和变更同时出现时，应以第c项为准进行调整。

(6) 由承包人重新提出的综合单价及总价措施项目费的计算方法应在合同中约定，无约定的依据现行的河北省计价依据计算，人工单价、材料单价、机械单价、费率等按承包人投标时的数值；没有可参照的数值时，按当时省工程造价管理机构代表政府发布的人工、材料、设备、机械市场价格信息、计价方法确定。

(7) 暂估价材料、设备单价的调整方法应在合同中约定，无约定的按省工程造价管理机构造价信息发布的价格信息调差，造价信息未发布的按市场价格调差。

材料价差仅计取安全生产、文明施工费及税金。

(8) 招标文件中必须明确人工、材料、机械单价上涨或下降引起的价款调整方法，可采用下列方法：

① 单价变动在允许调整幅度内时，分部分项工程量清单综合单价、单价措施项目工程量清单综合单价、总价措施项目费不变。单价变动超过允许调整幅度的，超过部分用差价调整相应的分部分项工程量清单综合单价、单价措施项目工程量清单综合单价、总价措施项目费。招标文件、施工合同中没有明确允许调整幅度的，以±3%为准；

② 价款调整公式：

$$Y=X+a\times A_1/A_0+b\times B_1/B_0+c\times C_1/C_0+\cdots+j\times J_1/J_0-1 \tag{2}$$

$$X+a+b+c+\cdots+j=1 \tag{3}$$

式中　Y——以扣除暂列金额、专业工程暂估价、安全生产文明施工措施费、规费、税金后价款为基数的价款调整系数；

X——固定系数；

a、b、$c\cdots j$——加权系数，表示各项调价的因子（包括人工、材料、机械）占扣除暂列金额、专业工程暂估价、安全生产文明施工措施费、规费、税金后价款中的比重；

A_1、B_1、$C_1\cdots J_1$——各项调价因子现行价格或指数；

A_0、B_0、$C_0\cdots J_0$——各项调价因子基期价格或指数。

a. X、a、b、$c\cdots j$ 应在投标时由投标人填在附表 1 内。

附表 1 固定系数、加权系数

项目	X	a	b	c	…	j
代表的人工、材料、机械具体名称						
数值						

b. 招标文件中可以明确价款调整系数（Y）的幅度限制，当 Y 小于或等于幅度限制时，价款不予调整。当 Y 超过幅度限制时，超过部分价款予以调整。

价款调整系数（Y）的幅度限制，不宜超过±0.02。

(9) 基期价格、现行价格可以在招标文件中明确或施工合同中约定。

如没有明确或约定，基期价格以基准日省工程造价管理机构发布的信息价格为准，现行价格以当月省工程造价管理机构发布的信息价格为准。

(10) 招标文件中应明确或施工合同中约定价款调整的时间单元，如按整月、年为单元。

如没有明确或约定，以月为单元调整。

12. 不可抗力

(1) 不可抗力事件发生后，承包人应立即通知发包人，并在力所能及的条件下迅速采取措施，尽力减少损失。不可抗力事件结束后 48 小时内承包人向发包人通报受害情况和损失情况，及预计清理和修复的费用。不可抗力事件持续发生，承包人应每隔 7 日向发包人报告一次受害情况。不可抗力事件结束后 14 日内，承包人向发包人提交清理和修复费用的正式报告及有关资料。

(2) 因不可抗力事件导致的费用及延误的工期由双方按以下方法分别承担：

① 工程本身的损害、因工程损害导致第三人人员伤亡和财产损失以及运至施工场地用于施工的材料和待安装的设备的损害，应由发包人承担；

② 发包人、承包人施工场地内的人员伤亡应由其所在单位负责，并承担相应费用；

③ 承包人带入现场的施工机械和用于本工程的周转材料损坏及停工损失，应由承包人承担，发包人提供的施工机械、设备损坏，应由发包人承担；

④ 停工期间，承包人应发包人要求留在施工场地的必要的管理人员及保卫人员的费用应由发包人承担；

⑤ 工程所需清理、修复费用，应由发包人承担；

⑥ 延误的工期相应顺延。

(3) 降水量、气温、空气相对湿度、风速、地震等不可抗力的标准应以国家和河北省有关的规定为准；如国家和河北省没有规定，发、承包双方应在合同中约定。

(4) 其他不可抗力因素导致的合同不能履行，应在合同中约定部分或全部免除责任。

13. 索赔与现场签证

(1) 提出索赔应有正当的理由，且有索赔事件发生时的有效证据。

(2) 发包人未能按合同约定履行自己的各项义务或发生错误以及应由发包人承担责任的其他情况，造成工期延误和（或）经济损失，承包人可按合同约定以书面形式向发包人索赔。

(3) 承包人未能按合同约定履行自己的各项义务或发生错误，给发包人造成损失，发包人可按合同约定以书面形式向承包人索赔。

(4) 承包人应按下列程序以书面形式向发包人索赔：

① 索赔事件发生后 28 日内，向发包人发出索赔意向通知。

② 发出索赔意向通知后 28 日内，向发包人提出延长工期和（或）补偿经济损失的索赔报告及有关资料。

③ 发包人在收到承包人送交的索赔报告和有关资料后，于 28 日内给予答复，或要求承包人进一步补充索赔理由和证据。

④ 发包人在收到承包人送交的索赔报告和有关资料后 28 日内未予答复或未对承包人作进一步要求的，应视为认可该项索赔。

⑤ 当该索赔事件持续进行时，承包人应当阶段性向发包人发出索赔意向，在索赔事件终了后 28 日内，向发包人送交索赔的有关资料和最终索赔报告。索赔答复程序与本条第③、第④款规定相同。

(5) 发包人应按 13 (4) 确定的时间向承包人提出索赔。

(6) 发包人未能履行 4 (1)（原规程 4.0.1 条）规定的各项义务，导致工期延误或给承包人造成损失的，发包人应赔偿承包人的相关损失，并顺延延误的工期。

(7) 常见索赔事件见附表 2。

附表 2　常见索赔事件

序号	事　　件	可调整的事项
1	设计文件拖期交付	工期、成本费用
2	不利的自然条件	工期、成本费用
3	发包人数据差错，放线错误	工期、成本费用、利润
4	发包人指令承包人钻孔勘探	工期、成本费用、利润
5	发现化石，古物，古迹等建筑物	工期、成本费用
6	发包人指示剥露或凿开	成本费用
7	发包人原因引起的中途暂停施工	工期、成本费用
8	发包人未能提供现场	工期、成本费用
9	工程变更	工期、成本费用、利润
10	非承包人原因引起每周累计停水和停电超过 8 小时	工期、成本费用
11	发包人原因引起的承包人施工范围发生变化	工期、成本费用、利润
12	发包人原因引起的合同终止	成本费用、利润
13	由承包人原因引起的工期延误	向发包人支付误期损失赔偿费

(8) 发包人供应的材料、设备与明细表不符时，发包人应承担相关责任，并按下列原则处理：

① 材料、设备的品种、规格、型号、质量等级与明细表不符，承包人可拒绝接收保管，由发包人运出施工场地并重新采购或委托承包人购买。

② 发包人供应的材料规格、型号与明细表不符，经发包人同意，承包人可代为调剂串换，由发包人承担相应费用。

③ 到货地点与明细表不符，由发包人负责运至明细表的送达地点或委托承包人运输。

④ 供应数量少于明细表的数量时，由发包人补齐或委托承包人购买。多于明细表的数量时，发包人负责将多出部分运出施工场地，并承担承包人发生的保管费用。

⑤ 到货时间早于明细表的供应时间时，由发包人承担因此发生的保管费用；到货时间迟于明细表的供应时间时，发包人赔偿由此造成的承包人损失。造成工期延误的，相应顺延工期。

⑥ 由于发包人供应的材料与明细表不符，造成承包人购买材料时，该材料所对应的综合单价及措施项目费由承包人重新提出，经发包人确认，作为价款调整、支付、结算的依据。造成工期延误的，相应顺延工期。

⑦ 由于发包人供应的材料与明细表不符，造成承包人运输材料时，其费用另行计取。造成工期延误的，相应顺延工期。

(9) 承包人按照发包人要求完成合同以外的零星工作或非承包人责任事件发生时，承包人应按合同约定及时向发包人提出现场签证。

(10) 发、承包双方确认的索赔与签证费用应与工程进度款同期支付。

14. 结算与工程计价争议处理

(1) 工程完工后，发、承包双方应在合同约定时间内，按照约定的合同价款及合同价款调整内容以及索赔事项，进行工程竣工结算。

(2) 工程竣工结算由承包人或受其委托具有相应资质的工程造价咨询人编制，由发包人或受其委托具有相应资质的工程造价咨询人核对（审查）。实行总承包的工程，由总承包人对竣工结算的编制和质量负责。

(3) 工程竣工结算应根据下列依据编制：

①《规范》和本规程；

② 国家和河北省统一的工程量计算规则、项目划分及计价办法；

③ 施工合同；

④ 中标通知书（适用于招标工程）；

⑤ 投标文件及其附件（适用于招标工程）或双方确认的工程量清单报价单（适用于非招标工程）；

⑥ 国家、行业和河北省的标准及有关技术文件；

⑦ 工程竣工图纸及资料；

⑧ 招标文件；

⑨ 计量的工程量；

⑩ 追加（减）的工程价款；

⑪ 索赔、签证事项及价款；

⑫ 其他依据。

(4) 分部分项工程费、单价措施项目费应依据双方确认的工程量、合同约定的综合单价计算；如发生调整的，以发、承包双方确认调整的综合单价计算。

(5) 总价措施项目费应依据合同约定的项目和金额计算；如发生调整的，以发、承包双方确认调整的项目和金额计算。

(6) 其他项目费用应按下列规定计算：

① 计日工应按双方确认的事项计算，并按规定计取规费、税金；

② 暂估价中的材料单价应按发、承包双方最终确认的材料单价在综合单价中调整；暂估价中的设备单价应按发、承包双方最终确认的设备单价计算；

③ 总承包服务费应依据合同约定金额计算，如发生调整的，以投标人填报的费率计算；

④ 索赔费用应依据发、承包双方确认的索赔事项和金额计算；

⑤ 签证费用应依据发、承包双方签证资料确认的金额计算；

⑥ 暂列金额由发包人掌握和支配，结算时应从承包人的工程价款中扣除。

(7) 招标人供应材料，结算时按招标人给定的单价从承包人的工程价款中扣除。

(8) 规费和税金应按 5 (5)、(6) (原规程 5.5.1、5.6.1 条) 的规定计算。

(9) 工程竣工结算核对 (审查) 期限

① 工程竣工后，承包人应在合同约定时间内编制完成竣工结算报告及完整的结算资料，并在提交竣工验收报告的同时递交给发包人，发包人应按合同约定的时间进行核对 (审查)，提出意见。

承包人未在合同约定时间内递交竣工结算报告，经发包人催促后仍未提供或没有明确答复的，责任自负。

② 推荐的核对 (审查) 时间见附表 3。

附表 3　推荐的核对（审查）时间

项目	工程竣工结算报告金额	核对(审查)时间
1	500 万元以下	从接到竣工结算报告和完整的竣工结算资料之日起 20 日
2	500 万～2000 万元	从接到竣工结算报告和完整的竣工结算资料之日起 30 日
3	2000 万～5000 万元	从接到竣工结算报告和完整的竣工结算资料之日起 45 日
4	5000 万元以上	从接到竣工结算报告和完整的竣工结算资料之日起 60 日

建设项目竣工总结算在最后一个单项工程竣工结算核对 (审查) 确认后 15 日内汇总，送发包人后 30 日内核对 (审查) 完成。

③ 合同对工程结算核对 (审查) 时间没有约定的或者约定不明确的，双方可以协议补充；达不成补充协议的，发包人应当自接到竣工结算报告和完整的竣工结算资料之日起三个月内完成工程结算核对 (审查)。

④ 工程竣工结算核对 (审查) 时间，含委托工程造价咨询企业审查的时间。

⑤ 发包人收到承包人提交的竣工结算报告及完整的结算资料后，应当按合同约定的时间核对 (审查)，无约定的应在三个月内核对 (审查) 完毕，并给予确认或提出意见，逾期未确认或未提出意见的，应视为认可承包人的竣工结算报告，发包人应向承包人支付工程结算价款。

⑥ 承包人在接到发包人提出的核对 (审查) 意见后，在合同约定的期限内，不确认也未提出异议的，视为发包人提出的核对 (审查) 意见已经认可，竣工结算办理完毕。

⑦ 同一工程竣工结算核对 (审查) 完成，发、承包双方签字确认后，禁止发包人又要求承包人与另一个或多个工程造价咨询人重复核对竣工结算。

(10) 根据发、承包双方确认的竣工结算报告，承包人向发包人申请支付工程竣工结算价款，发包人应当自收到申请后 15 日内支付结算价款。

(11) 工期提前或延后，发、承包双方应按合同约定的奖惩办法执行。

(12) 工程竣工结算审查完毕后，发、承包双方应依据政府和有关部门的规定足额缴纳规费。

(13) 工程竣工结算后，建设单位应按规定程序和时间将竣工结算资料报工程造价管理机构备案。

(14) 发包人与承包人在工程计价行为中对工程造价计价依据、办法及相关政策规定发生争议时，可提请工程所在地工程造价管理机构进行解释或按合同约定的方式解决。

(15) 发、承包双方或一方在收到工程造价管理机构书面解释后仍可按照合同约定的争议解决方式提请仲裁或诉讼。除工程造价管理机构的上级管理部门做出了不同的解释，或在仲裁裁决或法院判决中不予采信的外，工程造价管理机构做出的书面解释应为最终结果，并应对发、承包双方均有约束力。

15. 工程造价鉴定

(1) 一般规定

① 在工程合同价款纠纷案件处理中，需做工程造价司法鉴定的，应委托具有相应资质的工程造价咨询人进行。

② 工程造价咨询人接受委托时提供工程造价司法鉴定服务，应按仲裁、诉讼程序和要求进行，并应符合国家有关司法鉴定的规定。

③ 工程造价咨询人进行工程造价司法鉴定时，应指派专业对口、经验丰富的注册造价工程师承担鉴定工作。

④ 工程造价咨询人应在收到工程造价司法鉴定资料后，根据自身专业能力和证据资料判断能否胜任该项委托，如不能，应辞去该项委托。工程造价咨询人不得在鉴定期满后以上述理由不做出鉴定结论，影响案件处理。

⑤ 接受工程造价司法鉴定委托的工程造价咨询人或造价工程师如是鉴定项目一方当事人的近亲属或代理人、咨询人以及其他关系可能影响鉴定公正的，应自行回避；未自行回避，鉴定项目委托人以该理由要求其回避的，必须回避。

⑥ 工程造价咨询人应当依法出庭接受鉴定项目当事人对工程造价司法鉴定意见书的质询。如确因特殊原因无法出庭的，经审理该鉴定项目的仲裁机关或人民法院准许，可以书面形式答复当事人的质询。

(2) 取证

① 工程造价咨询人进行工程造价鉴定工作时，应自行收集以下（但不限于）鉴定资料：

a. 适用于鉴定项目的法律、法规、规章、规范性文件以及规范、标准、定额；

b. 鉴定项目同时期同类型工程的技术经济指标及其各类要素价格等。

② 工程造价咨询人收集鉴定项目的鉴定依据时，应向鉴定项目委托人提出具体书面要求，其内容包括：

a. 与鉴定项目相关的合同、协议及其附件；

b. 相应的施工图纸等技术经济文件；

c. 施工过程中的施工组织、质量、工期和造价等工程资料；

d. 存在争议的事实及各方当事人的理由；

e. 其他相关资料。

③ 工程造价咨询人在鉴定过程中要求项目当事人对缺陷资料进行补充的，应征得鉴定

项目委托人同意，或者协调鉴定项目各方当事人工程签认。

④ 根据鉴定工作需要现场勘验的，工程造价咨询人应提请鉴定项目委托人组织各方当事人对被鉴定项目所涉及的实物标的进行现场勘验。

⑤ 勘验现场应制作勘验记录、笔录或勘验图表，记录勘验的时间、地点、勘验人、在场人、勘验经过、结果，由勘验人、在场人签名或者盖章确认。绘制的现场图应注明绘制时间、绘制人姓名、身份等内容。必要时应采取拍照或摄像取证，留下影像资料。

⑥ 鉴定项目当事人未对现场勘验图表或勘验笔录等签字确认的，工程造价咨询人应提请鉴定项目委托人决定处理意见，并在鉴定意见书中做出表述。

（3）鉴定

① 工程造价咨询人在鉴定项目合同有效的情况下应根据合同约定进行鉴定，不得任意改变双方合法的合意。

② 工程造价咨询人在鉴定项目合同无效或合同条款约定不明确的情况下应根据法律法规、相关国家标准和本规范的规定，选择相应专业工程的计价依据和方法进行鉴定。

③ 工程造价咨询人出具正式鉴定意见书之前，可报请鉴定项目委托人向鉴定项目各方当事人发出鉴定意见书征求意见稿，并指明应书面答复的期限及不答复的相应法律责任。

④ 工程造价咨询人收到鉴定项目各方当事人对鉴定意见书征求意见稿的书面复函后，应对不同意见认真复核，修改完善后再出具正式鉴定意见书。

⑤ 工程造价咨询人出具的工程造价鉴定书应包括下列内容：

a. 鉴定项目委托人名称、委托鉴定内容；

b. 委托鉴定的证明材料；

c. 鉴定的依据及使用的专业技术手段；

d. 对鉴定过程的说明；

e. 明确的鉴定结论；

f. 其他需说明的事宜；

g. 工程造价咨询人盖章及注册造价工程师签名盖执业专用章。

⑥ 工程造价咨询人应在委托鉴定项目的鉴定期限内完成鉴定工作，如确因特殊原因不能在原定期限内完成鉴定工作时，应按照相应的法规提前向鉴定项目委托人申请延长鉴定期限，并应在此期限内完成鉴定工作。

经鉴定项目委托人同意等待鉴定项目当事人提交、补充证据的，质证所用的时间不应计入鉴定期限。

⑦ 对于已经出具的正式鉴定意见书中有部分缺陷的鉴定结论，工程造价咨询人应通过补充鉴定作出补充结论。

16. 工程计价资料与档案

（1）计价资料

① 发、承包双方应当在合同中约定各自在合同工程中现场管理人员的职责范围，双方现场管理人员在职责范围内的签字确认的书面文件，是工程计价的有效凭证，但如有其他有效证据，或经实证证明其是虚假的除外。

② 发、承包双方不论在何种场合对与工程计价有关的事项所给予的批准、证明、同意、指令、商定、确定、确认、通知和请求，或表示同意、否定、提出要求和意见等，均应采用书面形式。

③ 任何书面文件送达时，应由对方签收，通过邮寄应采用挂号、特快专递传送，或以发、承包双方商定的电子传输方式发送，交付、传送或传输至指定的接收人的地址。如接收人通知了另外地址时，随后通信信息应按新地址发送。

④ 发、承包双方分别向对方发出的任何书面文件，如系复印件应加盖公章，证明与原件相同。

⑤ 发、承包双方均应当及时签收另一方送达其指定接收地点的来往信函，拒不签收的，送达信函的一方可以采用特快专递或者公证方式送达，所造成的费用增加（包括被迫采用特殊送达方式所发生的费用）和延误的工期由拒绝签收一方承担。

⑥ 书面文件和通知不得扣压，一方能够提供证据证明另一方拒绝签收或已送达的，视为对方已签收并应承担相应责任。

（2）计价档案

① 发、承包双方以及工程造价咨询人对具有保存价值的各种载体的计价文件，均应收集齐全，整理立卷后归档。

② 发、承包双方和工程造价咨询人应建立完善的工程计价档案管理制度，并符合国家和有关部门发布的档案管理相关规定。

③ 工程造价咨询人归档的计价文件，保存期不宜少于 5 年。

④ 归档的工程计价成果文件应包括纸质原件和电子文件。其他归档文件及依据可为纸质原件、复印件或电子文件。

⑤ 归档文件应经过分类整理，并应组成符合要求的案卷。

⑥ 归档可以分阶段进行，也可以在项目结算完成后进行。

⑦ 向接受单位移交档案时，应编制移交清单，双方签字、盖章后方可交接。

参考文献
REFERENCE

[1] 邱建忠．安装·市政工程造价培训教材．北京：中国建材工业出版社，2009.
[2] 中国建设工程造价管理协会．建设工程造价管理基础知识．北京：中国计划出版社，2010.
[3] GB 50500—2013 建设工程工程量清单计价规范．
[4] 河北省工程量清单编制与计价规程（2013）.